U0214049

"农村安全教育"系列丛书
《农村卫生安全》编委会

丛 书 主 编　　姜明房

本 册 主 编　　张金波

本册副主编　　李　菁　　曹　雪

　　　　　　　孙　丹　　葛艳丽

　　　　　　　李智飞　　张丹丹

全国农村成人教育培训通识课程"农村安全教育"系列丛书

全国"农村安全教育"课题研究系列读本

农村
卫生安全

中国成人教育协会农村成人教育专业委员会 组织编写

姜明房 张金波 主编

广陵书社

图书在版编目（ＣＩＰ）数据

农村卫生安全 / 张金波主编. -- 扬州 : 广陵书社,
2016.3
　(农村安全教育系列丛书 / 姜明房主编)
　ISBN 978-7-5554-0522-1

　Ⅰ．①农… Ⅱ．①张… Ⅲ．①农村卫生－卫生管理－
基本知识 Ⅳ．①R127

中国版本图书馆CIP数据核字(2016)第050896号

丛 书 名	"农村安全教育"系列丛书
主　　　编	姜明房
书　　　名	农村卫生安全
主　　　编	张金波
责任编辑	严　岚
出版发行	广陵书社

　　　扬州市维扬路 349 号　　　邮编　225009
　　　http://www.yzglpub.com　E－mail:yzglss@163.com

印　　　刷	江阴金马印刷有限公司
开　　　本	720 毫米 ×1020 毫米 1/16
印　　　张	8.25
字　　　数	110 千字
版　　　次	2016 年 3 月第 1 版第 1 次印刷
标准书号	ISBN 978－7－5554－0522－1
定　　　价	82.00 元(全 3 册)

序

　　当今,中国社会进入了全面建设小康社会的历史发展阶段,整个社会特别是中国农村的富裕文明程度将有较大的提升。然而,中国社会发展的薄弱点仍然在农村,而我国农村约占国土总面积的三分之二,农村人口约占总人口数的二分之一,如果没有农村和农村人口的提高和进步,无论我国城市和工业发达到何种程度,最终的小康社会建设目标将难以达成。

　　一直以来,党和国家都在致力于农村条件的改善、农民生活水平的提升。广大农村经过建设和发展,正逐步走向现代与文明。今天,无论走进江南小镇还是塞北村庄,都会看到农民在吃穿住行各个方面的显著变化。电器被普遍使用,电脑与汽车在悄悄改变着农村家庭的生活方式,广场舞与健身操也成为农民日常生活的一部分。应该说,我们一直坚持的改革开放政策,给农村和农民也带来了翻天覆地的变化。但这种改变还需要进一步提速,因为农村在社会变革的宏伟蓝图中扮演着重要角色,全面小康社会目标必须以农业现代化和农民富裕为基础,中国所酝酿的国家大计必须以解决三农问题为前提。2014年,教育部、农业部共同颁布了《中等职业学校新型职业农民培养方案》,这一方案的推行和实施,标志着国家对三农的扶持由政策和物资过渡到了人才培养。人的因素在生产力中是关键因素,农村的改革和建设,最终还是要靠农民来承担,如果农民的素质上不去,一切改革都会因为找不到落脚点而不了了之。新型职业农民是能够担当现代农业经营和管理、建设和创新的高素质人才,具有高度的社会责任感、宽广的视野、良好的科学文化素养和自我发展能力、较强的农业生产经营和社会服务能力。这是国家对新时期主要从事农业生产人员的培养目标。为了实现这一目标,进一步推动这项工作开展,中国成人教育协会农村成人教育专业委员会组织有关部门和专家进行农民教育课程开发,《农村卫生安全》《农村生产安全》《农村家庭财产安全》这套丛书就是在这样的背景下诞生的。

根据生存方式,我们可以把当代农民分成两大群体,即外出打工群和务农留守群。进入发达地区工作的外出务工者,他们逐渐被环境同化,在思想文化等很多方面深受城市影响。而守着乡土的农民则相对见识少,很多人思想和观念都比较落后,容易忽略自身安全,常常因为无知而受到伤害。所以,组织编写了这套以农村安全教育为主题的丛书,将为普及各种农村安全知识,教授自我保护的方法和技巧,以避免那些不该发生的灾祸,产生积极的作用。

国家这些年一直推行惠农扶农政策,政府各个部门也都做了大量的工作,如发放知识宣传单、入驻村镇集中讲解等等,但一般只是简单的告知,知识既缺乏系统组织,也很少考虑接受者的状况和兴趣。本套丛书主要特点就是具有鲜明的教育性,从尊重和保护农民的人身财产安全出发,选择农村安全焦点问题,以浅显直白的语言讲述基本的安全常识和安全技能,同时配有生动风趣的漫画,力求农民一看就懂,一学就会。本套丛书的出版发行,不仅为农民的安全教育和新型职业农民培养提供了优秀的通识教材,也呼应了政府相关部门的三农工作,有利于农村工作的深入开展和农村精神文明的建设。

本套丛书精短实用，编写出版花费了一线教师、行业专家和出版社编辑的大量心血，是集体智慧的结晶，希望各中职学校、乡镇成人文化技术学校、农民教育培训机构、乡村政府部门要积极推广使用，以促进农民素质的提高和农村的文明建设；也希望广大的农民读者能够喜欢这套丛书，在愉快的阅读中获得知识，掌握方法，提高幸福指数。

2015 年 12 月

（本文作者为中国成人教育协会农村成人教育专业委员会理事长）

前　言

　　党的十八大之后,中央又召开了中央农村工作会议。会议强调,小康不小康,关键看老乡。一定要看到,农业还是"四化同步"的短腿,农村还是全面建成小康社会的短板。中国要强,农业必须强;中国要美,农村必须美;中国要富,农民必须富。农业基础稳固,农村和谐稳定,农民安居乐业,整个大局就有保障,各项工作都会比较主动。我们必须坚持把解决好"三农"问题作为全党工作重中之重,坚持工业反哺农业、城市支持农村和多予少取放活方针,不断加大强农惠农富农政策力度,始终把"三农"工作牢牢抓住、紧紧抓好。

　　农民是中国最勤劳、最朴实的群体,他们默默地在土地上耕种、劳作,遭受着风吹日晒,承受着强大的身体支出,是我们的国家和时代最应该关注和呵护的人。但是,由于农村地理位置偏僻,再加上大多数农民接受教育年限不足,相关知识普及不够,很多农民生活缺乏科学的指导,完全依靠简单经验,导致在各方面经常受到威胁和伤害,例如由于缺乏疾病预防知识小病积成大病,因病致贫,全家生活陷入困境。

　　为了普及农村安全教育知识,提高广大农民安全意识和生活质量,针对农村和农民实际,来自农村职业教育与成人教育的一线专业教师与相关行业专家一起编写了这套丛书,包括《农村卫生安全》《农村生产安全》《农村家庭财产安全》等,既可用来开展农村安全生活常识普及,也可作为新型职业农民培养的通识性教材。丛书在编写时主要遵循以下原则:

1. 浅显易懂,便于农民自学。编写时尽量避开生涩学术性的概念,选择常用词汇简述知识,句式简单,力求只要具备初等文化程度就能独立进行学习。

2. 启迪思想,促进观念转变。应用简单经验与应用科学知识是两种不同的生活方式,这其中起决定作用的是农民的观念。编写时尽量运用漫画、案例等直观生动的叙述方法,引导农民建立知识改变生活的观念。

3. 强调应用,给予方法指导。按照"为什么、是什么、怎样做"的逻辑思维组织内容,淡化原理,突出操作方法和步骤,即重点告诉农民如何去做才能保证自身安全。

4. 划分模块,适应灵活学习。在深入调查研究的基础上找到农村安全的主要问题,然后设计编写内容,这样各单元与模块都相对独立,使农民能够根据需要和兴趣进行选择性学习。

为了使教材内容贴近农民,我们多次深入农村调查走访,了解现状、问题及农民的想法。最触动我们的是一些遭受意外的家庭往往与缺乏知识相关,也正是由于这一点,我们有了强烈的责任意识,必须为农民做点什么,帮助他们了解生活生产安全常识,使他们走出误区,改善他们的境况。在这样的动机驱使下,大家认真严谨,积极寻求卫生、交通、法律等相关行业专家的指导和帮助,顺利完成了编写工作。在此,我们向那些不计名利,积极参与丛书编写工作的各行各业专家表示深深地感谢。

当然良好的态度并不能保证事情做得尽善尽美,本套丛书还有许多未尽事宜,仅供参考,具体问题还要请专家结合实际情况指导应用。欢迎读者提出宝贵的意见和建议,我们将虚心采纳。

编　者

2015 年 11 月

目　录

第一单元　中国公民健康素养

国家卫生计生委 2014 年 5 月 9 日公布《全民健康素养促进行动规划（2014—2020 年）》，规划提出，分两个阶段提高我国城乡居民健康素养水平，到 2015 年，全国居民健康素养水平提高到 10%；到 2020 年，全国居民健康素养水平提高到 20%。

健康素养是指个人获取和理解基本健康信息和服务，并运用这些信息和服务作出正确决策，以维护和促进自身健康的能力。健康素养不仅是衡量卫生计生工作和人民群众健康素质的重要指标，也是对经济社会发展水平的综合反映。从 2008 年起，在全国开展健康素养监测，逐步建立起连续、稳定的健康素养监测系统。根据 2012 年监测结果，我国居民基本健康素养水平为 8.80%，还处于较低水平。

模块一　中国公民健康素养——基本知识与技能

一、基本知识和理念

1. 健康不仅仅是没有疾病或虚弱,而是身体、心理和社会适应的完好状态。

身体健康表现为体格健壮,人体各器官功能良好。

心理健康指能正确评价自己,应对处理生活中的压力,能正常工作,对个人或社会做出自己的贡献。

社会适应的完好状态,是指通过自我调节保持个人与环境、社会及在人际交往中的均衡与协调。

2. 每个人都有维护自身和他人健康的责任,健康的生活方式能够维护和促进自身健康。

每个人都有获取自身健康的权利,也有不损害和维护自身及他人健康的责任。

每个人都可以通过采取并坚持健康生活方式,获取健康,提高生活质量。预防为主越早越好,选择健康的生活方式是最好的人生投资。

提高每个公民健康水平,需要国家和社会全体成员共同努力,营造一个有利于健康的支持性环境。

3. 环境与健康息息相关,保护环境,促进健康。

人类所患的许多疾病都与环境污染有很大的关系。无节制地消耗资源和污染环境是造成环境恶化的根源。每个人都有爱护环境卫生,保护环境不受污染的责任。

4. 无偿献血,助人利己。

适量献血是安全、无害的。健康的成年人,每次采集的血液量一般为 200—400 毫升,两次采集间隔期不少于 6 个月。

《中华人民共和国献血法》规定，"国家提倡十八周岁至五十五周岁的健康公民自愿献血"，"对献血者，发给国务院卫生行政部门制作的无偿献血证书，有关单位可以给予适当补贴"。

血站是采集、提供临床用血的机构，一定要到国家批准采血的血站献血。

5. 每个人都应当关爱、帮助、不歧视病残人员。

艾滋病、乙肝等传染病病原携带者和病人、精神疾病患者、残疾人都应得到人们的理解、关爱和帮助，这不仅是预防、控制疾病流行的重要措施，也是人类文明的表现，更是经济、社会发展的需要。

6. 定期进行健康体检。

定期进行健康体检，可以了解身体健康状况，及早发现健康问题和疾病，以便有针对性地改变不良的行为习惯，减少健康危险因素；对检查中发现的健康问题和疾病，要抓住最佳时机及时采取措施。

7. 成年人的正常血压为收缩压 $\geq$ 90mmHg 且 $<$ 140 mmHg，舒张压 $\geq$ 60mmHg 且 $<$ 90 mmHg；腋下体温 36—37℃；平静呼吸 16—20 次 / 分；心率 60—100 次 / 分。

成人的正常腋下体温为 36—37℃，早晨略低，下午略高，24 小时内波动不超过 1℃；老年人体温略低，月经期前或妊娠期妇女体温略高；运动或进食后体温略高。体温高于正常范围称为发热，见于感染、创伤、恶性肿瘤、脑血管意外及各种体腔内出血等。体温低于正常范围称为体温过低，见于休克、严重营养不良、甲状腺功能低下及过久暴露于低温条件下等。

正常成人安静状态下，呼吸频率为 16—20 次 / 分，随着年龄的增长逐渐减慢。

成人正常脉搏为 60—100 次 / 分，女性稍快；儿童平均为 90 次 / 分，婴幼儿可达 130 次 / 分；老年人较慢，为 55—60 次 / 分。脉搏的快慢受年龄、性别、运动和情绪等因素的影响。

8. 接种疫苗是预防一些传染病最有效、最经济的措施,儿童出生后应当按照免疫程序接种疫苗。

疫苗指为预防、控制传染病的发生、流行,用于人体预防接种的预防性生物制品。相对于患病后的治疗和护理,接种疫苗所花费的钱是很少的。接种疫苗是预防传染病最有效、最经济的手段。

疫苗分为两类。一类疫苗,指政府免费向公民提供,公民应当依照规定受种的疫苗;二类疫苗,指由公民自费并且自愿受种的疫苗。

预防接种效果与接种起始时间、接种间隔、接种途径、接种剂量等均有密切关系,需要按照一定的免疫程序进行,因故错过接种的要尽快补种。

我国制订了国家免疫规划和国家免疫规划疫苗的免疫程序,对计划接种疫苗的种类、接种起始时间、接种间隔、接种途径、接种剂量等作了明确规定。孩子出生后必须严格按照国家免疫规划疫苗的免疫程序进行预防接种。每个家长都应该按照国家免疫规划疫苗的免疫程序按时带孩子接种疫苗。

9. 在流感流行季节前接种流感疫苗可减少患流感的机会或减轻患流感后的症状。

流行性感冒(流感)不同于普通感冒,是一种严重的呼吸道传染病,在我国多发生在冬春季节。在流感流行季节前接种和流感病毒匹配的流感疫苗可预防流感。儿童、老人、体弱者等容易感染流感的人群,应当在医生的指导下接种流感疫苗。

10. 艾滋病、乙肝和丙肝通过血液、性接触和母婴三种途径传播,日常生活和工作接触不会传播。

艾滋病、乙肝和丙肝病毒主要通过血液、性接触和母婴途径传播,不会借助空气、水或食物传播。日常工作和生活中与艾滋病、乙肝、丙肝病人或感染者的一般接触不会被感染。艾滋病和乙肝、丙肝一般不会经马桶圈、电话机、餐饮具、卧具、游泳池或公共浴池等公共设施传播,不会通过一般社交上的接吻、拥抱传播,也不会通过咳嗽、蚊虫叮咬等方式传播。

11.肺结核主要通过病人咳嗽、打喷嚏、大声说话等产生的飞沫传播;出现咳嗽、咳痰2周以上,或痰中带血,应当及时检查是否得了肺结核。

肺结核病是由结核杆菌(结核菌)引起的呼吸道传染病。痰中有结核菌的病人有传染性。为预防结核病,儿童出生后应及时接种卡介苗。平时要经常锻炼身体,增强体质。工作、生活场所要注意通风。具有传染性的肺结核病人应当积极治疗,尽量少去公共场所,必须外出时应佩戴口罩。在咳嗽、打喷嚏时要用纸或手绢捂住口鼻。

早期诊断肺结核病可以提高治愈率,减少传播他人的可能性。连续2周以上咳嗽、咳痰,通常是肺结核的一个首要症状;如果经过抗感冒治疗2周以上无效,或同时痰中带有血丝,就有可能是得了肺结核病。其他常见的症状还有低热、盗汗、乏力、体重减轻等。

12.坚持规范治疗,大部分肺结核病人能够治愈,并能有效预防耐药结核的产生。

目前,我国对肺结核病人实行免费检查和免费抗结核药物治疗。病人可到所在地的结核病防治机构接受免费检查和治疗。

按照医生要求,坚持全程、按时、按量服药是治愈的最重要条件,否则会转化为难以治疗的耐药结核病。

13.在血吸虫病流行区,应当尽量避免接触疫水;接触疫水后,应当及时进行检查或接受预防性治疗。

血吸虫病是严重危害健康的寄生虫病,人和家畜接触了含有血吸虫尾蚴的水(简称"疫水"),就可能感染得病。血吸虫病感染主要发生在每年的4—10月。因生产、生活和防汛需要接触疫水时,要采取涂抹防护油膏,穿戴防护用品等措施。接触疫水后要及时到当地医院或血吸虫病防治机构检查或接受预防性治疗。

14. 家养犬、猫应当接种兽用狂犬病疫苗；人被犬、猫抓伤、咬伤后，应当立即冲洗伤口，并尽快注射抗狂犬病免疫球蛋白（或血清）和人用狂犬病疫苗。

人一旦被犬、猫抓伤、咬伤（或破损伤口被舔），要立刻用肥皂水和流动清水及时彻底地冲洗伤口，然后用酒精消毒；并尽快到医院或疾病预防控制中心就医，对伤口作进一步处理，并且接种狂犬病疫苗；如果伤口出血，还要注射抗狂犬病血清或免疫球蛋白。

15. 蚊子、苍蝇、老鼠、蟑螂等会传播疾病。

蚊子可以传播疟疾、乙脑、登革热等疾病。要搞好环境卫生，消除蚊子孳生地。根据情况选用纱门、纱窗、蚊帐、蚊香、杀虫剂等防蚊灭蚊用品，防止蚊子叮咬。

苍蝇可以传播霍乱、痢疾、伤寒等疾病。要使用卫生厕所，管理好垃圾、粪便、污物，使苍蝇无处孳生。要注意保管好食物，防止苍蝇叮爬。杀灭苍蝇可以使用苍蝇拍、灭蝇灯等。

老鼠可以传播鼠疫、流行性出血热、钩端螺旋体病等多种疾病。要搞好环境卫生，减少老鼠的藏身之地；收藏好食品，减少老鼠对食物的污染。捕捉、杀灭老鼠可以用鼠夹、鼠笼等灭鼠工具，也可以利用蛇、猫、猫头鹰等老鼠的天敌灭鼠，还可以使用安全、高效的药物灭鼠。要注意灭鼠药的保管和使用方法，防止人畜中毒。

蟑螂可以传播痢疾、伤寒等多种疾病。要搞好室内外卫生，减少蟑螂藏身的场所。还可以使用药物杀灭蟑螂。

16. 发现病死禽畜要报告，不加工、不食用病死禽畜，不食用野生动物。

许多疾病可以通过动物传播。例如鼠疫、狂犬病、非典、高致病性禽流感等等。预防动物把疾病传播给人，要做到：尽量不与病畜、病禽等患病的动物接触；不加工、不食用病死禽畜；不加工、不食用不明原因死亡的禽畜；不吃生的或未煮熟煮透的猪、牛、羊、鸡、鸭、兔及其他肉类食品；不吃生的或者未煮熟煮透的淡水鱼、虾、螺、蟹、蛙等食物；接触禽畜后要洗手；发现病死禽畜要及时向畜牧部门报告；病死禽畜按照畜牧部门的要求妥善处理。

17.关注血压变化，控制高血压危险因素，高血压患者要学会自我健康管理。

18.关注血糖变化，控制糖尿病危险因素，糖尿病患者应当加强自我健康管理。

19.积极参加癌症筛查，及早发现癌症和癌前病变。

重视癌症早期危险信号有利于及早发现、及时治疗。癌症早期危险信号有：乳腺、颈部、皮肤和舌等身体浅表部位出现经久不消或逐渐增大的肿块；体表黑痣和疣等在短期内色泽加深或变浅、迅速增大，脱毛、瘙痒、渗液、溃烂等；吞咽食物有哽咽感、胸骨后闷胀不适、疼痛、食管内异物感；皮肤或黏膜经久不愈的溃疡，有鳞屑、脓苔覆盖、出血和结痂等；持续性消化不良和食欲减退；便秘、腹泻交替出现，大便变形、带血或黏液；持久性声音嘶哑，干咳，痰中带血；耳鸣，听力减退，鼻血、鼻咽分泌物带血和头痛；月经期外或绝经后阴道不规则出血，特别是接触性出血；无痛性血尿，排尿不畅；不明原因的发热、乏力、进行性体重减轻等。

20.每个人都可能出现抑郁和焦虑情绪，正确认识抑郁症和焦虑症。

21.关爱老年人，预防老年人跌倒，识别老年期痴呆。

22.选择安全、高效的避孕措施，减少人工流产，关爱妇女生殖健康。

23.保健食品不是药品，正确选用保健食品。

保健食品指具有特定保健功能，适宜于特定人群食用，具有调节机体功能，不以治疗疾病为目的的食品。

卫生行政部门对审查合格的保健食品发给《保健食品批准证书》，获得《保健食品批准证书》的食品准许使用保健食品标志。保健食品标签和说明书必须符合国家有关标准和要求。

24.劳动者要了解工作岗位和工作环境中存在的危害因素，遵守操作规程,注意个人防护,避免职业伤害。

劳动者过量暴露于工作场所中的有害因素下会对健康造成损害,严重时会引起职业病,如矽肺、煤工尘肺、铅中毒、苯中毒等。工作中过量接触放射性物质则会引起放射病。因此劳动者必须严格遵守各项劳动操作规程,掌握个人防护用品的正确使用方法,例如防护帽或者防护服、防护手套、防护眼镜、防护口(面)罩、防护耳罩(塞)、呼吸防护器和皮肤防护用品等,并且养成习惯。

25. 从事有毒有害工种的劳动者享有职业保护的权利。

《中华人民共和国职业病防治法》明确规定,劳动者依法享有职业卫生保护的权利。保护劳动者免受不良工作环境对健康的危害,是用人单位的责任。用人单位应当为劳动者创造符合国家职业卫生标准和卫生要求的工作环境和条件,并采取措施保障劳动者获得职业卫生保护。劳动者要知晓用法律手段保护自己应有的健康权益。

二、健康生活方式与行为

26. 健康生活方式主要包括合理膳食、适量运动、戒烟限酒、心理平衡四个方面。

合理膳食指能提供全面、均衡营养的膳食。食物多样,才能满足人体各种营养需求,达到合理营养,促进健康的目的。卫生部发布的《中国居民膳食指南》对合理膳食提供权威的指导。

适宜运动指运动方式和运动量适合个人的身体状况,动则有益,贵在坚持。运动应适度量力,选择适合自己的运动方式、强度和运动量。健康人可以根据运动时的心率来控制运动强度,一般应达到每分钟150—170 减去年龄为宜,每周至少运动 3 次。

戒烟的人,不论吸烟多久,都应该戒烟。戒烟越早越好,任何时候戒烟对身体都有好处,都能够改善生活质量。

过量饮酒,会增加患某些疾病的风险,并可导致交通事故及暴力事件的增加。建议成年男性一天饮用的酒精量不超过 25 克,女性不超过

15 克。

心理平衡,是指一种良好的心理状态,即能够恰当地评价自己、应对日常生活中的压力、有效率地工作和学习、对家庭和社会有所贡献的良好状态。乐观、开朗、豁达的生活态度,将目标定在自己能力所及的范围内,建立良好的人际关系,积极参加社会活动等均有助于个体保持自身的心理平衡状态。

27. 保持正常体重,避免超重与肥胖。

28. 膳食应当以谷类为主,多吃蔬菜、水果和薯类,注意荤素、粗细搭配。

29. 提倡每天食用奶类、豆类及其制品。

30. 膳食要清淡,要少油、少盐、少糖,食用合格碘盐。

碘缺乏病是自然环境缺碘导致人体碘摄入量不足引起的。缺碘对人的最大的危害是影响智力发育。严重缺碘会造成生长发育不良、身材矮小、痴呆等。孕妇缺碘会影响胎儿大脑的发育,还会引起早产、流产、胎儿畸形。

坚持食用碘盐能有效预防碘缺乏病。孕妇、哺乳妇女、学龄前儿童还应多吃海带等含碘多的食物。

自然环境碘含量高的地区的居民、甲状腺功能亢进病人、甲状腺炎病人等少数人群不宜食用碘盐。

31. 讲究饮水卫生,每天适量饮水。

生活饮用水受污染可以传播肠道传染病等疾病,还可能引起中毒。保护健康,要注意生活饮用水安全。

保障生活饮用水安全卫生,首先要保护好饮用水源。提倡使用自来水。受污染水源必须净化或消毒处理后,才能用做生活饮用水。

32. 生、熟食品要分开存放和加工,生吃蔬菜水果要洗净,不吃变质、超过保质期的食品。

在食品加工、贮存过程中,如果不注意把生、熟食品分开,例如用切过生食品的刀再切熟食品,用盛过生食品的容器再盛放熟食品,熟食品就可能被生食品上的细菌、寄生虫卵等污染,危害人体健康。因此,生熟食品要分开放置和加工,避免生熟食品直接或间接接触。

饭菜要烧熟煮透再吃。吃冰箱里的剩饭菜,应重新彻底加热再吃。碗筷等餐具应经常煮沸消毒。

生的蔬菜、水果可能沾染致病菌、寄生虫卵、有毒有害化学物质。生吃前,应浸泡 10 分钟,再用干净的水彻底洗净。

食品保质期,指在食品标签上标注的条件下,保持食品质量(品质)的期限。在此期限内,食品质量符合标签上或产品标准中的规定。食物在冰箱里放久了,也会变质;用冰箱保存食物时,要注意生熟分开,熟食品要加盖储存。不要吃过期食物。不要吃包装上没有确切生产厂家名称、地址、生产日期和保质期的食品。

33. 成年人每日应当进行 6 千—10 千步当量的身体活动,动则有益,贵在坚持。

34. 吸烟和二手烟暴露会导致癌症、心血管疾病、呼吸系统疾病等多种疾病。

烟草烟雾含有 4000 余种化学物质,包括几十种致癌物以及一氧化碳等有害物质。吸烟损害体内几乎所有器官,可引发癌症、冠心病、慢性阻塞性肺病、白内障、性功能勃起障碍、骨质疏松等多种疾病。烟草烟雾不仅损害吸烟者的健康,也威胁着暴露于二手烟的非吸烟者。据统计,我国每年死于吸烟相关疾病的人数超过 100 万,占死亡总人数的12%。

35. "低焦油卷烟""中草药卷烟"不能降低吸烟带来的危害。

36. 任何年龄戒烟均可获益,戒烟越早越好,戒烟门诊可提供专业戒烟服务。

吸烟者戒烟越好越早,任何时候戒烟都不晚,只要有戒烟的动机并掌握一定的技巧,都能做到彻底戒烟。35 岁以前戒烟,因吸烟引起心脏病的机会降低90%,59岁以前戒烟,在15年内死亡的可能性仅为继续吸烟者的一半,即使年过60岁戒烟,其肺癌死亡率仍大大低于继续吸烟者。

37. 少饮酒,不酗酒。

经常过量饮酒,会使食欲下降,食物摄入量减少,从而导致多种营养素缺乏,急慢性酒精中毒,酒精性脂肪肝等,严重时还会造成酒精性肝硬化。过量饮酒还会增加患高血压、脑卒中(中风)等疾病的风险,并可导致交通等事故及暴力事件的增加。建议成年男性一天饮用酒的酒精量不超过25克,成年女性不超过15克。

38. 遵医嘱使用镇静催眠药和镇痛药等成瘾性药物,预防药物依赖。

长时间或者不当服用镇静催眠和镇痛等药物可以上瘾。服用镇静催眠药和镇痛药等成瘾性药物一定要在医生的指导下进行。

39. 拒绝毒品。

《中华人民共和国刑法》所称的毒品,包括鸦片、海洛因、甲基苯丙胺(冰毒)、吗啡、大麻、可卡因以及国家规定管制的其他能够使人形成瘾癖的麻醉药品和精神药品。

吸毒非常容易成瘾,有的人只吸一支含有毒品的香烟就会上瘾。成瘾者应尽快戒毒。

40. 劳逸结合,每天保证7—8小时睡眠。

生活有规律,对健康十分重要。工作、学习、娱乐、休息、睡眠都要按作息规律进行。一般,成人每天要保证7—8小时睡眠,睡眠时间不足不利于健康。

41. 重视和维护心理健康,遇到心理问题时应当主动寻求帮助。

每个人一生中都会遇到各种心理卫生问题,重视和维护心理健康非常必要。采取乐观、开朗、豁达的生活态度,把目标定在自己能力所及的范围内,调适对社会和他人的期望值,建立良好的人际关系,培养健康的生活习惯和兴趣爱好,积极参加社会活动等,均有助于保持和促进心理健康。

如果怀疑有明显心理行为问题或精神疾病，要及早去精神专科医院或综合医院的心理科或精神科进行咨询、检查和诊治。

42. 勤洗手、常洗澡、早晚刷牙、饭后漱口，不共用毛巾和洗漱用品。

每个人都应养成勤洗手的习惯：特别是制备食物前要洗手、饭前便后要洗手、外出回家后先洗手。用清洁的流动水和肥皂洗手。提倡每天早、晚刷牙，吃东西后要漱口。牙刷要保持清洁，最好每三个月更换一次牙刷。洗头、洗澡和擦手的毛巾，必须干净，并且做到一人一盆一巾，防止感染沙眼、急性流行性结膜炎、皮肤病和性传播疾病。

43. 根据天气变化和空气质量，适时开窗通风，保持室内空气流通。

阳光和新鲜的空气是维护健康不可缺少的。

阳光中的紫外线，能杀死多种致病微生物。让阳光经常照进屋内，可以保持室内空气清洁，减少细菌、霉菌繁殖的机会。

44. 不在公共场所吸烟、吐痰，咳嗽、打喷嚏时遮掩口鼻。

世界卫生组织《烟草控制框架公约》指出，接触二手烟雾（被动吸烟）会造成疾病、功能丧失或死亡。被动吸烟不存在所谓的"安全暴露"水平。室内公共场所和工作场所完全禁止吸烟是保护人们免受被动吸烟危害的最有效措施。

不随地吐痰，咳嗽、打喷嚏时要注意遮掩口鼻，这是文明素养的表现。

45. 农村使用卫生厕所，管理好人畜粪便。

卫生厕所是指有墙、有顶，厕坑及贮粪池，无渗漏，环境卫生，无蝇蛆，基本无臭味，粪便经无害化处理并及时清除的厕所。要推广使用卫生厕所。家禽、家畜应当圈养，禽畜粪便要妥善处理。

46. 科学就医，及时就诊，遵医嘱治疗，理性对待诊疗结果。

生病后要及时就诊，早诊断、早治疗。在疾病治疗、康复的过程中，要遵从医嘱按时按量用药，按照医生的要求调配饮食、确定活动量、改善自己的行为。不要乱求医使用几个方案同时治疗,更不能凭一知半解、道听途说自行买药治疗。

47. 合理用药,能口服不肌注,能肌注不输液,在医生指导下使用抗生素。

滥用抗生素指不规范地使用、不必要的情况下使用、超时超量使用或用量不足或疗程不足等。滥用抗生素容易引发致病微生物的耐药性,导致抗生素逐渐失去原有的功效,起不到治疗疾病的作用。滥用某些抗生素还可能导致耳聋(特别是儿童)和人体内菌群失调等,严重时还可能威胁生命。

抗生素是处方药,只能在医生的指导下合理使用。

48. 戴头盔、系安全带,不超速、不酒驾、不疲劳驾驶,减少道路交通伤害。

在道路交通碰撞中,安全带可以降低40%—50%的伤害危险以及40%—60%的致命伤害危险,佩戴摩托车头盔可将头部伤害及其严重程度降低约70%。一定要按照交通法规系安全带(或戴头盔)、不超速、不疲劳驾驶、不酒后驾车。

49. 加强看护和教育,避免儿童接近危险水域,预防溺水。

溺水是我国1—14岁儿童意外伤害死亡的第一位原因。要加强对儿童游泳的监管。

50. 冬季取暖注意通风,谨防煤气中毒。

预防煤气中毒要做到:尽量避免在室内使用炭火盆取暖,使用炉灶时要注意通风,保证充足的氧气供应;要安装风斗和烟筒,出风口不能朝向风口,定期清理烟筒,保持通畅;在使用液化气时也要注意通风换气,经常查看煤气、液化气管道、阀门,如有泄漏应及时维修;在煤气、液化气灶上烧水、烧饭时,要注意看管,防止水溢火灭导致煤气泄漏。如发生泄漏,要立即关闭阀门、打开门窗,使室内空气流通。煤气中毒后,轻者感到头晕、头痛、四肢无力、恶心、呕吐;重者可出现昏迷、体温降低、呼吸短促、皮肤青紫、唇色樱红、大小便失禁。抢救不及时,会危及生命。有人中毒,应当立即把中毒者移到室外通风处,解开衣领,保持呼吸顺畅。中毒较重者应立即呼叫救护车送医院抢救。

51. 主动接受婚前和孕前保健,孕期应当至少接受 5 次产前检查并住院分娩。

妇女在确定妊娠后应当及时去医院检查,建立"母子保健手册"。在孕期至少进行 5 次产前检查,孕早期 1 次,孕中期 1 次,孕晚期 3 次(其中 1 次在第 36 周进行)。孕妇要到有助产技术服务资格的医疗保健机构住院分娩,特别是高危孕妇必须提前住院。

52. 孩子出生后应当尽早开始母乳喂养,满 6 个月时合理添加辅食。

孩子出生后 1 小时内就应开始母乳喂养。母乳是婴儿最理想的天然食品,含有婴儿所需的全部营养,有助于婴儿发育,含有大量的抗体,增强婴儿的免疫能力,预防感染。同时母乳喂养能增进母子间的情感,促进母亲的健康恢复。

婴儿 6 个月以后,母乳不能完全满足孩子营养需要,坚持母乳喂养的同时应适时、适量添加辅食。

53. 通过亲子交流、玩耍促进儿童早期发展,发现心理行为发育问题要尽早干预。

54. 青少年处于身心发展的关键时期,要培养健康的行为生活方式,预防近视、超重与肥胖,避免网络成瘾和过早性行为。

三、基本技能

55. 关注健康信息,能够获取、理解、甄别、应用健康信息。

56. 能看懂食品、药品、保健品的标签和说明书。

定型包装食品和食品添加剂,必须在包装标志或者产品说明书上标出品名、产地、厂名、生产日期、批号或者代号、规格、配方或者主要成分、保质期限、食用或者使用方法等。不得有夸大或者虚假的宣传内容。在国内市场销售的食品,必须有中文标志。

药品标签或者说明书上必须注明药品的通用名称、成分、规格、生产企业、批准文号、产品批号、生产日期、有效期、适应证、禁忌证或者功能主治、用法、用量、不良反应和注意事项。麻醉药品、精神药品、医疗用毒性药品、放射性药品、外用药品和非处方药的标签,必须印有规定的标志。非处方药标签印有红色或绿色"OTC"字样,可以按照说明书使用;其他药物必须在医生指导下使用。

保健食品标签和说明书不得有明示或者暗示治疗作用以及夸大功能作用的文字,不得宣传疗效作用。必须标明主要原(辅)料,功效成分、标志性成分及含量,保健作用和适宜人群、不适宜人群,食用方法和适宜的食用量,规格,保质期,贮藏方法和注意事项,保健食品批准文号,卫生许可证文号,保健食品标志等。

57. 会识别常见的危险标识,如高压、易燃、易爆、剧毒、放射性、生物安全等,远离危险物。

为了减少伤害,应该远离高压、易燃、易爆、剧毒、放射性、具有生物危害等危险物。识别常见的危险标志是保护自身安全的关键。危险标志是由安全色、几何图形和图形符号构成,用以表达特定的危险信息。

58. 会测量脉搏和腋下体温。

脉搏测量方法:将食指、中指和无名指指腹平放于手腕桡动脉搏动处,计一分钟搏动次数。

腋下体温测量方法:先将体温计度数甩到35℃以下,再将体温计水银端放在腋下最顶端后夹紧,10分钟后取出读数。

59. 会正确使用安全套,减少感染艾滋病、性病的危险,防止意外怀孕。

在性接触中正确使用安全套,可以减少艾滋病、乙肝和大多数性传播疾病的危险。

不要重复使用安全套,每次使用后应打结后丢弃。

60. 妥善存放和正确使用农药等有毒物品,谨防儿童接触。

家中存放的农药、杀虫剂和医用药品,应当分别妥善存放于橱柜或容器中,并在外面加锁。有毒物品不能与粮油、蔬菜等同室存放;特别要防止小孩接触,以免发生误服中毒事故。已失效的农药和药品不可乱丢乱放,防止误服或污染食物、水源。

保管敌敌畏、乐果等易挥发失效的农药时,一定要把瓶盖拧紧。施用农药时,要严格按照说明书并且遵守操作规程,注意个人防护。严禁对收获期的粮食、蔬菜、水果施用农药。严防农药污染水源。

对误服农药中毒者,如果患者清醒,要立即设法催吐。经皮肤中毒者要立即冲洗污染处皮肤。经呼吸道中毒者,要尽快脱离引起中毒的环境。中毒较重者要立即送医院抢救。

61. 寻求紧急医疗救助时拨打 120,寻求健康咨询服务时拨打 12320。

拨打 120 急救电话求助时要简要说明需要救护者的病情、人数、所在地址以及伤病者姓名、性别、年龄、联系电话以及报告人的电话号码与姓名。

62. 发生创伤出血量较多时,应当立即止血、包扎;对怀疑骨折的伤员不要轻易搬动。

受伤出血时,应立即止血,以免出血过多损害健康甚至危及生命。小的伤口只要简单包扎即可止血。对较大、较深的伤口,可以压迫出血处上方(在四肢靠近心脏一侧)血管止血,例如指压止血、加压包扎止血、止血带止血等。

在对骨折伤员进行急救时,在搬移前应当先固定骨折部位,以免刺伤血管、神经,不要在现场进行复位。

如果伤势严重,应当在进行现场急救的同时,拨打 120 急救电话。

63. 遇到呼吸、心跳骤停的伤病员,会进行心肺复苏。

心肺复苏(CPR)可以在第一时间恢复病人呼吸、心跳,挽救伤病员生命,主要用于心脏性猝死等危重急症以及触电、淹溺、急性中毒、创伤等意外事件造成的心跳、呼吸骤停。方法是:以心前区叩击、自动体外心脏除颤器及胸外心脏按压等方法来恢复心跳；以开放气道、口对口吹气人工呼吸等来恢复呼吸。

64.抢救触电者时，要首先切断电源，不要直接接触触电者。

发现有人触电，要立即关闭电源，也可以用不导电的物体将触电者与电源分开。千万不要直接接触触电者的身体，防止救助者发生触电。

65.发生火灾时，用湿毛巾捂住口鼻、低姿逃生；拨打火警电话119。

突遇火灾时，如果无力灭火，应当不顾及财产，迅速逃生。由于火灾会引发有毒烟雾产生，所以在逃生时，应当用潮湿的毛巾或者衣襟等捂住口鼻，用尽可能低的姿势，有秩序地撤离灾害现场。

到陌生场所应先熟悉安全通道。发现火灾，应立即拨打119火警电话报警。

66.发生地震时，选择正确避震方式，震后立即开展自救互救。

说明：阐释内容参照2008年版。

模块二 中国公民中医养生保健素养

一、基本理念和知识

1. 中医养生保健,是指在中医理论指导下,通过各种方法达到增强体质、预防疾病、延年益寿目的的保健活动。

2. 中医养生的理念是顺应自然、阴阳平衡、因人而异。

3. 情志、饮食、起居、运动是中医养生的四大基石。

4. 中医养生保健强调全面保养、调理,从青少年做起,持之以恒。

5. 中医治未病思想涵盖健康与疾病的全程,主要包括三个阶段:一是"未病先防",预防疾病的发生;二是"既病防变",防止疾病的发展;三是"瘥后防复",防止疾病的复发。

6. 中药保健是利用中药天然的偏性调理人体气血阴阳的盛衰。服用中药应注意年龄、体质、季节的差异。

7. 药食同源。常用药食两用的中药有:蜂蜜、山药、莲子、大枣、龙眼肉、枸杞子、核桃仁、茯苓、生姜、菊花、绿豆、芝麻、大蒜、花椒、山楂等。

8. 中医保健五大要穴是膻中、三阴交、足三里、涌泉、关元。

9. 自我穴位按压的基本方法有:点压、按揉、掐按、拿捏、搓擦、叩击、捶打。

10. 刮痧可以活血、舒筋、通络、解郁、散邪。

11. 拔罐可以散寒湿、除瘀滞、止肿痛、祛毒热。

12. 艾灸可以行气活血、温通经络。

13. 煎服中药避免使用铝、铁质煎煮容器。

二、健康生活方式与行为

14. 保持心态平和,适应社会状态,积极乐观地生活与工作。

15. 起居有常,顺应自然界晨昏昼夜和春夏秋冬的变化规律,并持之以恒。

16. 四季起居要点:春季、夏季宜晚睡早起,秋季宜早睡早起,冬季宜早睡晚起。

17. 饮食要注意谷类、蔬菜、水果、禽肉等营养要素的均衡搭配,不要偏食偏嗜。

18. 饮食宜细嚼慢咽,勿暴饮暴食,用餐时应专心,并保持心情愉快。

19. 早餐要好,午餐要饱,晚餐要少。

20. 饭前洗手,饭后漱口。

21. 妇女有月经期、妊娠期、哺乳期和更年期等生理周期,养生保健各有特点。

22. 不抽烟,慎饮酒,可减少相关疾病的发生。

23. 人老脚先老,足浴有较好的养生保健功效。

24. 节制房事,欲不可禁,亦不可纵。

25. 体质虚弱者可在冬季适当进补。

26. 小儿喂养不要过饱。

三、常用养生保健内容

27. 情志养生:通过控制和调节情绪以达到身心安宁、情绪愉快的养生方法。

28. 饮食养生:根据个人体质类型,通过改变饮食方式,选择合适的食物,从而获得健康的养生方法。

29. 运动养生:通过练习中医传统保健项目的方式来维护健康、增强体质、延长寿命、延缓衰老的养生方法,常见的养生保健项目有太极拳、八段锦、五禽戏、六字诀等。

30. 时令养生:按照春夏秋冬四时节令的变化,采用相应的养生方法。

31. 经穴养生:根据中医经络理论,按照中医经络和腧穴的功效主治,采取针、灸、推拿、按摩、运动等方式,达到疏通经络、调和阴阳的养生方法。

32. 体质养生:根据不同体质的特征制定适合自己的日常养生方法,常见的体质类型有平和质、阳虚质、阴虚质、气虚质、痰湿质、湿热质、血瘀质、气郁质、特禀质九种。

四、常用养生保健简易方法

33. 叩齿法:每天清晨睡醒之时,把牙齿上下叩合,先叩臼齿 30 次,再叩前齿 30 次。有助于牙齿坚固。

34. 闭口调息法:经常闭口调整呼吸,保持呼吸的均匀、和缓。

35. 咽津法:每日清晨,用舌头抵住上颚,或用舌尖舔动上颚,等唾液满口时,分数次咽下。有助于消化。

36. 搓面法:每天清晨,搓热双手,以中指沿鼻部两侧自下而上,到额部两手向两侧分开,经颊而下,可反复 10 余次,至面部轻轻发热为度。可以使面部红润光泽,消除疲劳。

37. 梳发:用双手十指插入发间,用手指梳头,从前到后按搓头部,每次梳头 50—100 次。有助于疏通气血,清醒头脑。

38. 运目法:将眼球自左至右转动 10 余次,再自右至左转动 10 余次,然后闭目休息片刻,每日可做 4—5 次。可以清肝明目。

39. 凝耳法:两手掩耳,低头、仰头 5—7 次。可使头脑清净,驱除杂念。

40. 提气法:在吸气时,稍用力提肛门连同会阴上升,稍后,再缓缓呼气放下,每日可做 5—7 次。有利于气的运行。

41. 摩腹法:每次饭后,用掌心在以肚脐为中心的腹部顺时针方向按摩 30 次左右。可帮助消化,消除腹胀。

42. 足心按摩法:每日临睡前,以拇指按摩足心,顺时针方向按摩 100 次。有强腰固肾的作用。

第二单元　饮食卫生

　　食物是能量和营养的来源。了解食品安全标准、食物污染与健康、食物中毒与急救、吸烟与酗酒的危害等相关知识,不仅能够促进身体健康,还可以避免受到不必要的伤害。

模块一 食品安全标准

食品安全标准是强制执行的标准。食品生产经营者应当依照法律、法规和食品安全标准从事生产经营活动,对其生产经营的食品安全负责,对社会和公众负责,承担社会责任。

一、农药残留

《中华人民共和国农药管理条例》第五章第二十六条明确规定,使用农药应当遵守国家农药安全合理使用的规定。剧毒、高残留农药不得用于防治卫生害虫,不得用于蔬菜、瓜果、茶叶和中药材。高毒高残留农药常见的有:甲胺磷、呋喃丹(克百威)、1605(对硫磷)、1059(内吸磷)、3911(甲拌磷)、甲基1605(甲基对硫磷)、磷胺、治螟灵(苏化203)、磷化锌、磷化铝、氰化物、砷酸钙、赛力散、西力生、抗菌素401、六六六、林丹、DDT、氯丹、毒杀酚、铁灭克(涕灭威)、除草醚等。此外,用以上高毒高残留农药生产的混合制剂也同样禁止在蔬菜上使用,如多灭灵、马甲磷、速杀畏、甲甲磷、高效磷、敌甲畏等。

一般来讲,直接喷洒型的农药对农作物的污染相对大一些,而粉状农药因为易飘散对环境和施药者的危害更大。食用含有大量高毒、剧毒农药残留的食物会导致人畜急性中毒。长期食用农药残留超标的农副产品,会引起慢性中毒,导致疾病的发生。

友情链接

高危蔬菜

叶菜类是农药残留量超标的高危品种,以韭菜、青菜、鸡毛菜、芹菜、小白菜、油菜为主,还包括卷心菜、芥菜等。

二、食品添加剂的种类和使用范围

1. 食品添加剂的种类

防腐剂——常用的有苯甲酸钠、山梨酸钾、二氧化硫、乳酸等。用于果酱、蜜饯等食品加工中。

抗氧化剂——与防腐剂类似，可以延长食品的保质期。常用的有维C、异维 C 等。

着色剂——常用的合成色素有胭脂红、苋菜红、柠檬黄、靛蓝等。它可改变食品的外观，使人增强食欲。

增稠剂和稳定剂——可以改善或稳定冷饮食品的物理性状，使食品外观润滑细腻。它们使冰淇淋等冷冻食品长期保持柔软、疏松的组织结构。

甜味剂——常用的人工合成的甜味剂有糖精钠、甜蜜素等，目的是增加甜味感。

增白剂——过氧化苯甲酰，是面粉增白剂的主要成分，我国食品在面粉中允许添加最大剂量为 0.06g/kg。增白剂超标，会破坏面粉的营养。水解后产生的苯甲酸会对肝脏造成损害。过氧化苯甲酰在欧盟等发达国家已被禁止作为食品添加剂使用。

2. 食品添加剂的使用范围

酸奶与果胶（增稠剂）

副作用：有的增稠剂是淀粉水解产生的糊精、改性淀粉等，它们本身无毒无害，但容易升高血糖，甚至可能导致更剧烈的血糖反应。

酸奶含有防腐作用的乳酸和乳酸菌素，所以不需添加防腐剂。

冰激凌、雪糕与着色剂

日落黄、柠檬黄、胭脂红、苋菜红、亮蓝等都是食用合成色素，也称食用合成染料。

副作用：因对人体有害，不能用于糕点及肉制品。

熟肉制品与亚硝酸钠（护色剂）

护色剂不仅可以使熟肉制品色泽红润，还可以抑菌保鲜和防腐。

副作用：过量食入可麻痹血管运动中枢、呼吸中枢及周围血管，怀疑有一定致癌性。

可乐与阿斯巴甜（甜味剂）

又称甜味素、天苯糖等，这种低热量甜味剂比普通糖甜约 200 倍。

副作用：联合国粮农组织和世卫联合食品添加剂专家委员会规定，阿斯巴甜每日允许的摄取量为每公斤体重 40 毫克，且孕妇及哺乳的母亲最好不要食用。

三、食品的标签、说明书的阅读

食品标签有识别食品的作用，消费者要养成看食品标签，根据食品标签来选择自身喜爱、健康安全食品的良好习惯。

需要细看的食品标签

食品标签，是指在食品包装容器上或附于食品包装容器上的一切附签、吊牌、文字、图形、符号说明物。

新国标规定，食品标签内容必须包括：食品名称、配料表、净含量、制造者、经销者的名称和地址（厂名、厂址）、产品标准号、质量（品质）等级、日期标示和贮藏说明等，若食品经辐照或由转基因原料制成，也必须明确加以标注。同时，消费者若发现并证实其标签的标志与实际品质不符，可以依法投诉并获得赔偿。

标签中的几个重要时间

1. 生产日期。是指食品成为最终产品的日期，生产日期并非一定指封口（封罐）完成后的日期。如有的企业生产的产品，封罐、杀菌、冷却后的日期是 2006 年 1 月 10 日，检验需要 5 天，若生产日期打印为 2006 年 1 月 20 日，只要保证不在 2006 年 1 月 20 日以前出厂销售都视为合法。

2.保质期。又称最佳食用期,指预包装食品在标签指明的贮存条件下,保持品质的期限。在此期限内,产品完全适于销售,并保持食品的特有品质。超过此期限,在一定时间内,预包装食品可能仍然可以食用。

3.保存期。即推荐的最后食用日期,指的是预包装食品在标签指明的贮存条件下,预计的终止食用日期。在此日期之后,预包装食品可能会发生品质变化,不再具有消费者所期望的品质特性,不宜再食用。

友情链接

标签日期藏匿的问题

新国标已明确规定,厂家应清晰地标示预包装食品的生产日期和保质期。如果日期标示采用"见包装物某部位"的方式,应标示所在包装物的具体部位,如"封口"或"瓶盖"等部位。日期标示不得另外加贴、补印或篡改。消费者在购买食品时一定要仔细查阅其生产日期,不要轻信包装日期之类的代名词。

一些不法商家或经销商常在食品标签这几个日期上做手脚,蒙骗消费者,获取不正当利益。如将保质期标为1—3个月,使消费者难以掌握。有些袋装食品既没有标注生产日期,也没有标注保质期,有的则只注明保质期,没有生产日期,或写着生产日期见××处,却不见其踪影。相当一部分食品的生产期、保质期字迹模糊,消费者难以辨认。对于这样的食品应该慎重食用。

标签基本内容与消费陷阱

1.名称。有时往往标签上一字之差的同一品种的食品,它们的内容物可能差异较大。"果汁汽水"和"果味汽水"的不同在于前者含有水果汁;后者没有水果汁,而是由水果香精、食用色素、酸味剂和糖调制的。新标准禁止企业在标签上利用产品名称混淆食品的真实属性,欺骗消费者。如"橙汁饮料"中的"橙汁"和"饮料","酸奶饮料"中的"酸奶"和"饮料","巧克力饼干"中的"巧克力"和"饼干",标签上必须使用同一字号。

2. 净含量。所谓净含量是指除包装以外的可食部分食品的含量。若食品包装容器中含有固、液两种物质时,除标示净含量外,还应标示沥干物(固形物)的含量,如糖水梨罐头,标签中还要有其沥干物(梨块)的含量标注。购买食品时要注意包装上的净含量,莫被花里胡哨的包装所迷惑。

模块二　食品污染及其对健康的影响

食物放置时间过长会引起变质,可以产生不同的结果,一类是对人体相对无害的变质,例如外观、结构和香味的变化,某些营养素的消耗等;另一类则是对人体有害的变质,如某些食物中的油脂因氧化而腐败,或者发生分解产生有害成分等。在条件许可的情况下,即使食物没有发生有害于健康的变化,也应选用新鲜的、色香味俱佳的食物。

食品的细菌污染与腐败变质

食品的腐败变质是指食品在外界有害因素影响下,原有色、香、味和营养成分发生变化的过程,使食品的质量降低或完全不能食用。腐败变质的食品直接威胁食用者健康,可能引起食物中毒或消化道传染病。

预防腐败的措施

1. 食物可以在冰箱内保存,但时间不宜过久。在冰箱内放入竹炭,可以去除异味,防止食物变质,延长食物保鲜期。如果没有冰箱,可将食品放在篮子内,悬挂于水井的辘轳上。

2. 生熟食品分开放置,避免交叉感染。

3. 选取合适的贮存容器,如保鲜袋、铝箔、玻璃容器等。

4. 冬季可将食品放在地窖内,以防腐败变质。

冰箱内食物保存期限

人们习惯将吃不完的剩菜放入冰箱内保存。存入冰箱,也是有保存期限的。通常绿色蔬菜 1—2 天,海鲜 2 天,蔬菜肉汤 1—2 天,炖肉 3—4 天。

食品霉菌和霉菌毒素污染

霉菌种类很多,其中大多数对人体健康无害。但也有部分霉菌可使食物变质,其毒素可危害人畜健康。日常生活中常见的霉菌污染为黄曲霉素。黄曲霉素有很强的急性毒性,以及明显的慢性毒性与致癌性。人的急性中毒症状主要为发热、食欲不振、呕吐,继而出现黄疸、腹水,部分病例可有肝大及压痛。

预防措施

黄曲霉素主要污染花生、玉米、稻米、小麦等,以玉米被污染最常见。因此,防霉去毒重点是玉米及其制品

1. 玉米收获后采取穗放的方式为宜,在秋雨、暖冬季节,切不可用塑料薄膜封闭盖住,而应选用玉米秸、草帘等物品覆盖,并且应做到勤翻晾,以防出现霉变。

2. 脱粒后的玉米要避免积大堆存放,可用袋子装起来,放在干燥通风的地方,注意防虫。

3. 大米生虫返潮后会产生黄曲霉素,通常加热到 280℃ 才开始分解,在太阳下暴晒根本没有用。

友 情 链 接

畜禽肉类新鲜度的鉴别

1. 颜色：肉色发暗、脂肪缺乏光泽。

2. 手感：外表干燥或粘手,指压后的凹陷恢复慢或不能完全恢复。

3. 异味：有氨味或酸味、甚至有臭味。

发现上述现象就表明肉类不新鲜或已变质腐败。如果发现猪肉肉色较深,肉质鲜艳,后臀肌肉饱满突出,脂肪层非常薄,很可能是使用过瘦肉精的猪肉。

鱼类的鉴别

1. 外表发暗无光泽。

2. 鳞片不完整,易脱落。

3. 鱼鳃颜色暗红,有腥臭,鳃丝粘连。

4. 眼球浑浊或凹陷,角膜浑浊。

5. 肉松弛,弹性差。

模块三 食物中毒与急救

食物中毒是指我们吃的食物被细菌或细菌毒素污染，或食物含有毒素而引起的急性中毒性疾病。

食物中毒的预防

1. 购买食物原料时要认真查验，不使用来历不明的食物原料、死因不明的畜禽或水产品、超过保质期限和腐败变质的食品。

2. 加工和贮存食品要生熟分开，不混用加工工具和容器。

3. 发生食物中毒后，应保留可能导致食物中毒的剩余食品及其原料、工具和设备，以备调查中毒原因。

食物中毒的特点

1. 中毒病人在相近的时间内均食用过某种共同的中毒食品，未食用者不中毒。停止食用中毒食品后，发病很快停止。

2. 潜伏期较短，发病急剧，病程亦较短。

3. 所有中毒病人的临床表现基本相似。

4. 一般无人与人之间的直接传染。

食物中毒的症状

细菌性食物中毒：细菌性食物中毒具有明显的季节性，多发生在气候炎热的季节。其中毒食物多为动物性食品。其中以鱼类食品常见，如腌制咸鱼时，如原料不新鲜或腌的不透，食用后可引起中毒。主要表现为恶心、呕吐、腹痛、排水样便，可带少量黏液，重者可休克。中毒者常会因上吐下泻而出现脱水症状，如口干、眼窝下陷、最后可导致休克。

农药中毒：食用被有机磷等农药污染的蔬菜、瓜果后出现头晕、疲乏、多汗、恶心、腹痛、肌肉跳动等症状，严重者出现昏迷、抽搐、大小便失禁、瞳孔缩小等症状。

发芽的马铃薯中毒：发芽的土豆中含有一种对人体有害的物质——龙葵素，芽眼、芽根、变绿的部位含量最高。大量食用，可引起中毒，表现为口内瘙痒或烧灼感、上腹痛、恶心、呕吐、腹泻，严重者体温升高、昏迷、抽搐、呼吸困难等。

亚硝酸盐中毒：常见症状出现在中毒后 1—3 小时，最短 10—15 分钟。表现为口唇、指甲及面色青紫、心跳快、头晕、头痛、乏力、气短、恶心、呕吐，严重者呼吸困难、心律不齐、昏迷、血压下降等。

毒蘑菇中毒：食用毒蘑菇后，可导致恶心、呕吐、腹痛、腹泻等胃肠道症状；精神亢奋、精神抑制、精神错乱、幻觉等精神症状；肝、肾、心、脑等脏器损害，甚至死亡。

避免芸豆、黄花菜食用中毒

芸豆含有皂素,黄花菜含有秋水仙碱等有毒成分,加工不熟对人体有损害,极易发生中毒。

食物中毒的急救和治疗原则

1. 立即终止接触毒物

一旦出现中毒症状,就要立刻停止食用剩余可疑食物。

2. 催吐

如果食用时间在1—2小时内,可使用催吐的方法。取温水200毫升一次喝下,如果不吐,可多喝几次,迅速促进呕吐。也可用鲜生姜100克捣碎取汁用,200毫升温水冲服。如食用了变质的肉,则可服用十滴水(即由樟脑、干姜、大黄、小茴香、肉桂、辣椒等重要成分组成)催吐。还可用筷子、手指等刺激咽喉、引发呕吐。

3. 导泻

如果病人食用时间较长,一般已经超过2—3小时,且精神尚好,则可服用泄药,促使中毒食物尽快排出体外。一般用大黄30克一次煎服,老年患者可选用元明粉5—15克,用温水冲服,即可缓泻。对老年体质较好者,也可用番泻叶15克一次煎服,或用开水冲服,也能达到导泻的目的。

4. 解毒

如果是变质的鱼、虾、蟹等引起的食物中毒,可取食醋 100 毫升加水 200 毫升,稀释后一次服下。此外,还可用紫苏 30 克、生甘草 10 克一次煎服。若是误食了变质饮料或防腐剂,则可用鲜牛奶或其他含蛋白的饮料灌服。

5. 积极对症治疗

对症治疗的重点在于维持和保护主要脏器的功能,使患者度过危险期。如止腹痛、腹泻,纠正脱水、酸中毒,保护肝脏,有精神症状的可给予镇静剂,抢救呼吸和循环衰竭等。

模块四　吸烟与酗酒的危害

一、吸烟的危害

吸烟与疾病

吸烟会引发多种疾病,因为烟里的烟油留在人体内会使血管堵塞;香烟中的尼古丁会影响心脏机能,使人加速衰老;而且烟草烟雾中含有很多种致癌物质,容易引发癌症。

1. 吸烟与癌症

吸烟者一般易患喉癌、肺癌、口腔癌、食道癌等疾病。与非吸烟者比,吸烟男性患肺癌的风险高 23 倍,吸烟女性患肺癌的风险高 13 倍。

2. 吸烟与心脑血管系统疾病

吸烟者一般易患冠心病、中风、动脉粥样硬化、动脉瘤等疾病,与非吸烟者相比,吸烟者患冠心病、中风的风险高 2 至 4 倍。

3. 吸烟与呼吸系统疾病

吸烟者一般易患肺炎、慢性阻塞性肺病、哮喘等疾病,与非吸烟者相比,死于慢性阻塞性肺病的风险高 12 至 13 倍。

4. 吸烟与生殖相关疾病

吸烟的母亲可能会导致不育、胎儿早产、新生儿出生体重不足 3kg 和猝死综合症等问题。

5. 其他健康危害

吸烟还与阳痿、骨质疏松、胃溃疡、皮肤老化及牙周病等疾病相关。

二手烟与危害

本人不吸烟，但与吸烟者处于同一环境中，这时就会吸"二手烟"。二手烟含有的有害物质往往比主流烟多，如有 2 倍的尼古丁、3 倍的焦油、5 倍的一氧化碳、50 倍的致癌物质。特别是二手烟可能会对胎儿生长的子宫内环境直接造成污染，导致胚胎发育异常。一般，在通风不畅的场所，不吸烟者 1 小时内吸入的烟量平均相当于吸入一支烟的剂量；而每日和吸烟者在一起呆 15 分钟以上，吸"二手烟"的危害便等同于吸烟者。

二、饮酒的危害

无酒不成席。酒在人们的生活中扮演着重要角色,已经成为中国文化的重要内容。适量饮酒,可以舒筋活血;但是过量饮酒或者在不适宜时饮酒,都会对健康造成危害。

不宜饮酒的人群

1. 孕妇。妇女在怀孕期间,即使适量饮酒也可能会影响胎儿发育,酗酒更会导致胎儿畸形或智力迟钝。

2. 儿童。儿童正处于生长发育阶段,各脏器功能还不很完善,此时酒精对身体的损害非常严重。

3. 司机。酒驾祸患无穷,因为酒精具有麻痹作用,可使驾车者行动笨拙,反应迟钝,导致车祸。

4. 病人。有些药物会和酒精发生反应,所以服药的病人不宜饮酒;某些疾病,如高甘油三酯血症、胰腺炎、肝脏疾病等,会因为饮酒加重病情。

5. 酒精过敏者。酒精过敏症状一般为后背很痒,并且有红色的小豆豆,还伴有发烧,或者浑身长满红斑,奇痒难忍。过敏者一般会血管扩张、心跳加快、血压降低,严重者可能心律失常、呼吸不畅,抢救不及时可导致死亡。

过量饮酒的危害

1.过量饮酒尤其是长期大量饮酒,身体营养状况低下。

2.过量饮酒可造成肠黏膜的损伤和肝脏功能损害,从而影响所有营养物质的消化、吸收和转运。

3.酒精中毒可能引起胰腺炎。

4.过量饮酒与脂肪肝、高血压、肝硬化、消化道癌等疾病密切相关。

5.过量饮酒还可导致酒精依赖症、成瘾以及其他严重的健康问题。

友情链接

饮酒与酒精肝

酒精是导致肝病的原因之一。酒精性肝病表现多样,初期通常表现为脂肪肝,进而可发展成酒精性肝炎、酒精性肝纤维化和酒精性肝硬化,在严重酗酒时,可诱发肝功能衰竭。一旦因饮酒引发了肝病,就要立刻戒酒,多吃高蛋白、高热量、高维生素的食物,少吃油腻、油炸、腌制品、发霉的食物及含有人工色素、人工添加剂的食物,如香肠、腊肉等。还要注意少量多餐,以减轻肝胆的负荷。

第三单元　饮水卫生

　　水是生命之源,关系到人类的生存和健康。保护水源、不洁净的水要经过净化和过滤才能饮用、每天喝适量的水……树立关于饮水方面的正确观念,掌握必要的饮水知识,能够使我们的生存状况更好。

模块一　生活饮用水的卫生要求及净化消毒

用于供给人们饮用及日常生活应用的水,称为生活饮用水。生活饮用水直接关系着人们的生活和健康,其质和量是衡量和评价一个国家或地区卫生状况好坏、人们生活条件优劣、文化水平高低的依据之一。

生活饮用水的卫生要求

我国生活饮用水要求感官性状良好,透明、无色、无异味和异臭、无肉眼可见物,不含有病原微生物,水中所含的化学物质对人体不造成急慢性中毒和远期危害。

特　别　提　示

河水湖水等不能随便饮用

河水、湖水、溪水、塘水虽然看起来干净,但可能含有致病微生物、寄生虫卵或有毒化学物质,必须经过净化、消毒处理,经检验合格后才能饮用。日常生活中应使用经过净化、消毒处理并检验合格的水,并养成不喝生水的习惯。

生活饮用水的净化消毒方法

不论选择何种水源,如不经处理不可能达到水质卫生标准要求。水处理的方法有净化和消毒两种。

水的净化

净化水主要是除去水中的悬浮物质,改善水的外观性状。常用的净化处理方法有沉淀和过滤两种。

混凝沉淀:常用的混凝剂有硫酸铝、明矾、三氯化铁和聚合氯化铝。它们能使颗粒小的悬浮物、硅胶、极细的黏土等加速沉淀,改善水质。

过滤:集中式给水系统,可用各种形式的砂滤池,如农村安装的自来水管道饮用山泉,就可以采取这种净化方式。分散式给水,可在地面水岸边修建砂滤井进行过滤取水。

◇ **特 别 提 示** ◇

当自来水从水龙头中流出时,水的外观会呈乳白色,放置片刻后,水就会澄清,不影响饮水卫生。当自来水发黄时,可能是受到了输水管网中铁质水管内壁铁锈的影响,可将水放掉一些,待水质清澈后再使用。

水的消毒

自来水厂常用液态氯消毒,农村分散式给水一般用漂白粉和漂白粉精等。也可以采用煮沸法消毒。

模块二　饮用水的卫生保护

受病原体污染并未经妥善处理和消毒的水；处理后的饮用水在输水和贮水过程中，由于管道泄漏、出现负压等原因，重新被病原体污染的水；生活污水、医院废水、工业废水、畜牧屠宰、皮革和食品工业等废水；废渣、废气、城市垃圾、固体废弃物、人畜粪便污染的水，都会引起相关疾病，对人的健康有较大的危害

友情链接

饮水与癌症

癌症村是一种改革开放后出现的群体疾病现象。由于河流、土壤等受到污染，导致饮用水中含有大量的有害物质，长期饮用，使居民的健康受到严重危害。广东省某村，由于饮用水中含有镉、铅、铬等多种重金属，导致很多村民患上食道癌、胃癌、肝癌等癌症，癌症发病率是全国平均水平的9倍多。

集中式水源的卫生防护

一般在水厂（生产区）外围10米范围内，不得设置生活居住区、禽畜饲养场、渗水厕所、渗水坑等，不得堆放垃圾、粪便、废渣或铺设污水管道。应保持良好的卫生状况，并加以绿化。

在饮水井的影响半径内（一般情况下，粉、细砂含水层影响半径的25—30米；砾砂含水层，影响半径可达400—500米），不得使用工业废水或生活污水灌溉农田，不得使用有持久性或剧毒性的农药，不得修建渗水厕所、渗水坑，堆放废渣，不应从事破坏深土层活动。

分散式水源的卫生防护

分散水源,在水井周围 20—30 米的范围内,不得设置渗水厕所、渗水坑、粪坑、垃圾堆和废渣堆等,不得在井台上洗菜、洗衣服、喂饮牲畜,严禁向井内扔东西;应将井口加高,加井盖,设置公用提水桶,定期掏挖污泥,加强消毒等。

上下游的卫生防护

为防止水体受到直接污染,在河流取水点的上游 1000 米至下游 100 米的水域内,不得排入工业废水和生活污水;在此范围内,沿岸农田不得使用工业废水,不得施用有持久性或剧毒性的农药,不得堆放废渣、建立有害化学物品仓库或设立装卸垃圾、粪便和有毒物品的码头。

模块三　正确饮水与健康

水在人体中参与食物的消化和吸收、体内代谢及代谢产物的排泄、体温调节、保持关节的润滑等，是维持生活和新陈代谢必不可少的物质。

饮水不足或丢失水过多的危害

饮水不足或丢失水过多，均可引起体内失水。在正常的生理条件下，人体通过尿液、粪便、呼吸和皮肤等途径丢失水。这些丢失的水量为必需丢失量，通过足量饮水即能补偿。

还有一种是病理性水丢失，例如腹泻、呕吐等，如果严重就需要通过临床补液来处理。随着水的不足，会出现一些症状。当失水达到体重的2%时，会感到口渴，出现尿少；失水达到体重的10%时，会出现烦躁、全身无力、体温升高、血压下降、皮肤失去弹性；失水超过体重的20%时，会引起死亡。

建议的饮水量

建议在温和气候条件下生活的轻体力活动的成年人每日最少饮水1200毫升。饮水应少量多次，切莫感到口渴时再喝水。

在高温环境下劳动或运动、大量出汗的人,他们每日的水需要量可从 2 升到 16 升不等。很多农民日常有大量的体力活动,会因出汗而增加水的丢失,要注意额外补充水分,同时需要考虑补充淡盐水。

饮水的时间和方式

饮水时间应分配在一天中任何时刻,喝水应该少量多次,每次 200 毫升左右。体内水分达到平衡时,就可以保证进餐时消化液的充足分泌,增进食欲,帮助消化。一次性大量饮水会加重胃肠负担,会妨碍对食物的消化。

早晨起床后可空腹喝一杯水,降低血液黏度,增加循环血容量。睡觉前也可喝一杯水,有利于预防夜间血液黏稠度增加。

运动时由于体内水的丢失加快,如果不及时补充就会引起水不足。在运动强度较大时,要注意运动中水和矿物质的同时补充。运动后,应根据需要及时饮用足量的水。

友 情 链 接

矿泉水与纯净水

矿泉水来自于地下深处,经过深循环,没有污染,并且含有一些对人体有益的微量元素。它不但能解渴,还可以补充矿物质。

纯净水是在生产过程中经过反复净化处理及脱离子处理,无菌条件下灌装所制得的。目前市场上所见的纯净水、蒸馏水、反渗透水、太空水等虽叫法不同,基本上都属于纯净水。长期饮用纯净水不但不会补充营养,反而会带走体内的微量元素,对健康不利。

第四单元　妇女保健

　　妇女是社会的重要组成部分,健康状况对社会和家庭有举足轻重的影响。由于环境条件和自身观念文化限制,我国农村妇女的健康还存在着许多令人担忧的问题,需要保健方面的学习和指导。

模块一　女性月经期卫生保健

　　月经是一种正常的生理现象,每月女性的子宫通过阴道排出一定的血液,时间为 3—7 天左右。如果经期保健不当,可引起痛经,影响日常生活和学习;严重者可引起上行感染,导致盆腔炎、子宫内膜炎、子宫肌炎,甚至引起不孕症等严重妇科疾病。

生理表现

1.腰部酸胀、感觉不舒服。

2.极少数人还可能出现头痛、疲倦、精神不振。

3.乳房胀痛、腹泻或便秘。

4.鼻黏膜出血、皮肤痤疮等。

保健要点

1.保持情绪稳定,心情舒畅;可多吃一些酸奶、牛奶以及一些绿色蔬菜等含钙丰富的食物。

2.月经期脸部毛孔张开,所以要注意面部清洁,以避免长痘痘;尽量不要洗头,洗完头要立即吹干。

3.不要喝冰水或生水,因为它们不利于污血的排出;可以喝红糖姜水(尤其适合痛经),吃一些甜食,如蛋糕、巧克力等,以促进污血排出。

4.经期体温相对较低,所以要注意防寒保暖,保证 8 小时睡眠。

5.避免淋雨、高温日晒、冷水洗脚、久坐凉地等。

6.保持外阴清洁。因为经期子宫口张开易感染,所以可用温开水擦洗外阴;不宜洗盆浴或坐浴,应以淋浴为好。

7.注意生理卫生。潮湿的环境,细菌滋生得很快,所以要勤换卫生巾或者干净柔软的卫生纸、内裤。可以把内裤放到煮沸的开水中,达到高温杀菌的作用。

8.痛经的女性,除了可以服用非处方类的镇痛药外,还可以到药店买一些含有加热剂的贴片贴在脐部,或者自己在家用热水袋热敷来缓解疼痛。

9.农忙时节,经期尽量不要做过于繁重的农活,比如耕种、收割、插苗等。

注意事项

1.不宜性生活。民间有种说法是"经期的血可以营养卵子和精子,容易受孕",这是完全错误的观念,很容易对女性造成感染。

2.不宜饮酒、饮浓茶。

3.不宜在农忙时随便就坐在地上干活,可以在身下放一个厚垫子。

模块二　孕期妇女的保健

　　做好孕期保健,可以保护孕妇和胎儿在妊娠期间的健康,保证到妊娠足月时,能安全娩出身体健康、智力发育良好的新生儿。

孕前保健

　　1. 在孕前和孕后 3 个月补充叶酸,可预防胎儿神经管缺陷。

　　2. 如患有高血压、糖尿病、肾病等,应考虑能否承受生产全过程;患有其他慢性病,应该在治疗结束平稳后,再怀孕。

　　3. 夫妻双方应戒烟酒,口服长效避孕药应于停药 6 个月后再怀孕。

　　4. 最佳生育年龄 25—29 岁,最佳受孕季节七、八、九月份。

　　5. 暂离有害的生活和工作环境,忌养宠物。

孕期保健

1. 到有资质的医院进行产前检查。孕期监护主要通过定期的产前检查来完成,产前检查能及早发现并预防疾病,保护孕妇健康及胎儿发育。产前第一次检查应在停经后知道怀孕开始。

2. 产前检查主要包括测量血压、体重、宫高、胎位、胎心率、B超等,首次检查应做血尿常规、血型、肝功能、肾功能、心电图检查及梅毒、艾滋病病毒和风疹病毒筛查等。

3. 衣着宽松。孕妇的衣服应宽大、松软、清洁、简单、寒暖适宜。裤带宜宽不宜窄,宜松不宜紧;鞋袜不可过紧,否则有碍血液回流;应穿平底软鞋为好。

4. 避免接触狗、猫等宠物(可传染弓虫病)。

5. 避免接触农药、铅、苯等有毒有害物质(可致胎儿畸形)。

6. 不吸烟或不被动吸烟,不饮酒及咖啡类饮料,因为这些行为可使胎儿缺氧,影响胎儿大脑发育。

7. 如需用药,应在医生指导下服用。

8. 孕早晚期.避免性生活,否则会导致流产、早产和感染。

9. 妊娠呕吐后仍要坚持进食,吃一些清淡有营养的食物。

10. 预防贫血和缺钙。从怀孕20周起,按医生的指导服用钙剂和铁剂。

11. 保证充足的睡眠和休息,多以左侧卧位为宜,可提高胎儿的血液供应;避免进行蹲式活动,防止冲击腹部,不宜提重和攀高。

12. 营养合理均衡。适当增加含蛋白质、钙、铁等微量元素及维生素的摄入,多吃鱼、瘦肉、鲜奶、蛋类、豆制品、新鲜蔬菜、水果等。注意粗细粮、荤素搭配。

13. 注意个人卫生,勤换衣裤,勤洗澡,避免盆浴。

14. 每天定时数胎动,每周测量体重。

15. 农忙时应注意保护腹部。尤其是耕种时,远离耕种的机器或者牲畜；不要到凹凸不平的山地去干活以免跌倒；不要做拔苗等需要弯腰的农活。

16. 孕期也可以适当活动，比如扭秧歌、溜达、做饭、简单打扫卫生等，千万不要认为怀孕了就不能做任何家务。

17. 妊娠 24 周后，每晚用温水清洗乳头，并在乳头上涂油脂，以防哺乳时发生乳头皲裂。乳头内陷者应尽早经常提起乳头向外牵拉，避免发生吸吮困难。

18. 出现以下情况应立即去医院检查：严重头痛、浮肿、视力模糊；腹痛；阴道流血、流水；血压 ≥ 140/90 毫米汞柱；胎动减少、消失或异常频繁；发烧、剧烈呕吐。

友 情 链 接

孕妇常识

1. 预产期的计算方法：最后一次月经来临当天的月份上加 9（或减 3），再于日期上加 7，即可算出。例如：最后一次月经来临日期为 1 月 15 日，则 1 加 9 等于 10，15 加上 7 等于 22，预产期即为 10 月 22 日。

2. 孕妇正常血压：收缩压低于 140 毫米汞柱，舒张压低于 90 毫米汞柱。

3. 孕期体重增加 12 千克左右为宜。

4 足月产是指满 37 周不满 42 周之间分娩。

模块三　哺乳期妇女的保健

做好哺乳期保健,不但能让母亲和宝宝都营养充足,还可以降低母亲患乳腺癌、卵巢癌的危险性。

哺乳期保健

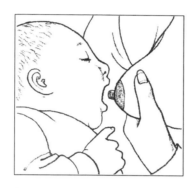

1.吃高热量、高蛋白、营养丰富的食物和汤汁,以利于身体恢复和乳汁分泌。

2.心情要舒畅。这时期可能会感觉很疲惫,身体很虚弱,还要照顾小宝宝。尤其是初产妇,应让丈夫多分担一些,他的关爱和协助是促进子宫恢复和乳汁分泌的良药。

3.产后应尽早大小便,忌食辛辣的食物,以免引起大便干燥。

4.对于正常分娩的新生儿,在孩子娩出后半小时开始,断脐擦干全身后就应抱到妈妈胸前。与母亲皮肤接触的同时,开始吸吮乳房。

5.让婴儿勤吸吮。婴儿吸吮能通过对乳头的频繁刺激使母亲产生更多的乳汁。

6.按需哺乳。每当孩子要吃奶或者妈妈感到涨奶时,都可以哺乳,必须吃空一侧乳房再吃另一侧。

7.不要做剧烈的运动,以免影响乳汁的分泌。可以做一些简单的运动,如呼吸运动:仰卧,两臂放在后脑,深呼吸,使腹部下陷,而使内脏牵向上方,然后将气呼出;膝胸运动:跪姿,两膝分开,胸与肩部放在床面,头侧向一边。可在产后 10 至 14 天开始做,这样能够帮助子宫回复到原来的位置。

乳房保健

1. 选用棉质胸罩。不需要喂奶时应戴胸罩,以促进血液循环,帮助后期的乳房恢复。

2. 预防乳头皲裂。每次喂奶前用温毛巾清洁乳房,结束时,留一滴奶涂在乳头上,在空气中自然晾干。如果乳头出现皲裂,宝宝应先吸吮健侧乳头,再吸吮患侧的。疼痛明显或者裂伤严重的应使用吸奶器或者停止哺乳。如发热,须多喝水,并选用对宝宝影响小的药物治疗。

3. 如果乳房轻微胀痛,应先挤掉少许乳汁,等乳晕发软时再哺乳。

4. 如果乳房摸上去有硬块,可以按摩乳房。先把双手放于乳房左右,朝乳头方向揉压;再把双手放于乳房上下,按同样方法按摩乳房,以促进乳腺管通畅。

5. 休息时避免乳房受挤、受压。

注意事项

1. 产后 42 天内禁止同房。

2. 产后一旦恢复性生活,应立即避孕。

3. 哺乳期不能口服避孕药,应采用避孕套、宫内节育器、外用避孕药膜等方法避孕。产后 3 个月或剖宫产术后半年可放置宫内节育器,时间为月经干净后 3—7 天。

模块四　更年期妇女的保健

更年期通常是指女性从有生育能力到无生育能力的过渡阶段,也是指女性在绝经前后的一段时期。它不是一种疾病而是人生旅程中的过渡时期。这一时期的女性会出现月经周期的不规律、月经量增多或减少;忧虑、抑郁、疲倦、思睡、记忆力减退;易激动、神经过敏、失眠、烦躁,情绪复杂多变;严重的会影响日常的生活。因此更年期的保健显得格外重要。

保健要点

1. 保持生活规律化,饮食适度。不吸烟,不酗酒,多吃自家的新鲜蔬菜和水果。适当控制饮食,少吃动物内脏和猪大肠,猪肝等,避免肥胖。

2. 坚持参加力所能及的体育锻炼,如广场舞、打拳、散步、慢跑、种花种草、编织或者到当地社区中心参加中老年合唱队、秧歌队等,充实晚年的生活内容。

3. 坚持正常的春耕、秋收等农活,这些不会影响身体的健康,反而能让自己感觉有事做、有活干,心情好。

4. 如果感觉体力不如以前,总是腰疼,建议适当地补充鱼肝油或者高钙粉。多进食一些含钙丰富的食物,如牛奶、虾皮汤、骨头汤等。

5. 每年到医院进行一次妇科疾病普查和阴道脱落细胞涂片检查。

6. 可以适当地补充雌激素,以有效缓解各种症状,预防老年疾病发生。饮食方面可多吃蜂蜜、豆腐、苹果、葡萄等食物。

7. 睡前尽量少吃东西,灯光要柔和,不要一边看电视一边休息,以保证睡眠的质量。

8. 多与孩子们唠唠,多听听他们的想法,让感情有寄托。

友 情 链 接

更年期用药注意事项

轻微症状一般不需要用药。如症状严重,一定要在医生的指导下适当用药,切忌自行滥用错用药而损害健康。对精神紧张、焦虑不安者,可遵医嘱服用适量镇静药来安定情绪,保证睡眠。

模块五　常见疾病的预防

一般来说,农村妇女缺乏对常见疾病应有的认识,缺乏对身体的保健,加上各种不良生活习惯等,使生理健康每况愈下。一些女性疾病缠身,且久治不愈,给正常的生活带来极大的不便。那么,常见的妇科疾病有哪些呢? 如何来预防?

一、宫颈癌的预防

宫颈癌是最常见的妇科恶性肿瘤。近年来其发病有年轻化的趋势,发病原因主要有病毒感染、多个性伴侣、初产年龄较小、营养不良及卫生条件差等。

疾病表现

1. 阴道流血。年轻患者常表现为接触性出血,发生在性生活、妇科检查及便后。出血量可多可少,一般早期少,晚期多;一旦侵蚀较大血管可能引起致命性大出血。老年患者常常出现不规则阴道流血症状。

2. 阴道排液。阴道排液增多,白色或血性,稀薄如水样或米汤样,有腥臭味。晚期因癌组织破溃、组织坏死、继发感染等,有大量脓性或米汤样恶臭白带排出。

3. 晚期癌症状。出现继发性症状,如尿频、尿急、肛门坠胀、便秘、肠疼痛痉挛想大便却没有、下肢肿痛等,严重者可引起尿毒症;末期患者会出现消瘦、贫血、发热及全身衰竭症状。

预防方法

1. 保持营养均衡。保持充足的饮食营养供给,少吃含糖量过高的食品,可有效预防宫颈癌。

2. 禁止吸烟。长时间的吸烟可减弱机体的保护因素,增加浸润性宫颈癌的发生率,尤其是鳞状细胞癌。吸烟者患宫颈癌的机会比不吸烟的增加 2 倍。

3. 提倡晚婚少育。早婚、多产、性伴侣过多、性生活过频都会诱发宫颈癌。

4. 避免口服避孕药。使用避孕药的时间越长,发生宫颈癌的危险性越大。

患者注意事项

1. 少吃多餐,避免过甜、油腻、高脂肪食物。饮食宜清淡,不食羊肉、虾、蟹、鳗鱼、咸鱼、黑鱼等发物;可吃酸性食物刺激味觉,增进食欲,比如酸枣、山楂等。放疗和化疗后,可能出现腹泻和便秘。

2. 积极配合医生的治疗,保持心情舒畅,定期随诊。

二、乳腺癌的预防

乳腺癌是女性最常见的恶性肿瘤之一,发病率占全身各种恶性肿瘤的 7%—10%,仅次于子宫癌,已成为威胁妇女健康的主要病因。它的发病常与遗传有关,通常 40—60 岁之间、绝经期前后的妇女发病率较高。

疾病表现

早期乳腺癌往往不具备典型的症状和体征,不易引起重视,常通过体检或乳腺癌筛查发现。以下为乳腺癌的典型体征:

1. 乳腺肿块

80% 的乳腺癌患者以乳腺肿块首诊。患者常无意中发现乳腺肿块,大多数乳腺癌为无痛性肿块,仅少数伴有不同程度的隐痛或刺痛。

2. 乳头溢液

非妊娠期从乳头流出血液、浆液、乳汁、脓液,或停止哺乳半年以上仍有乳汁流出者,称为乳头溢液。引起乳头溢液的原因很多,常见的疾病有乳腺增生、乳腺导管扩张症和乳腺癌。单侧单孔的血性溢液应进一步检查,若伴有乳腺肿块更应重视。

3. 皮肤改变

最常见的是出现"酒窝征",即乳腺皮肤出现一个小凹陷,像小酒窝一样。若癌细胞阻塞了淋巴管,则会出现"橘皮样改变",即乳腺皮肤出现许多小点状凹陷,就像橘子皮一样。

4. 乳头异常

肿瘤位于或接近乳头深部,乳头难以用手指牵出,乳头处于固定回缩状态。

5. 腋窝淋巴结肿大

初期可出现同侧腋窝淋巴结肿大,肿大的淋巴结质硬、散在、可推动。随着病情发展,晚期可在锁骨上和对侧腋窝摸到转移的淋巴结。

预防方法

1. 形成良好的生活习惯。不长期过量饮酒;早睡早起,保持心情舒畅。避免和减少精神紧张、抑郁等因素,尽量不要因为小事发脾气,保持心态平和。

2. 坚持体育锻炼,积极参加集体活动,比如:扭秧歌、广场舞蹈等。

3.控制总热量的摄入,避免肥胖。平时养成不过量摄入肉类、煎蛋、甜食等饮食习惯,少吃腌、熏、炸、烤食品,多吃新鲜蔬菜、水果、胡萝卜、橄榄油、鱼、豆类制品等食品。

4.积极治疗乳腺疾病。每年对乳腺进行普查,早发现早治疗。

5.不要长期过量饮酒。

诱发乳腺癌的病因

乳腺增生多年不愈;反复做人工流产手术;常用激素类药品或化妆品;肥胖或过多摄入脂肪;精神抑郁、经常生气、精神不好;反复长期、大量暴露于电离辐射之下。

乳腺癌自查(见附图)

一看。光线明亮,对照镜子,双手叉腰,双臂高举过头,观察乳腺的皮肤有无皮疹、红肿、橘皮样改变等;观察乳头是否在同一水平线上、乳头是否有回缩、凹陷,有无异常分泌物自乳头溢出,乳晕颜色是否有改变。最后,放下双臂,两肘努力向后使胸部的肌肉绷紧,观察两侧的乳房是否对称。

二触。用食指、中指、无名指,指腹缓慢稳定、仔细地触摸乳房作顺时针或逆时针向前逐渐移动检查,从乳房外围起至少三圈,直至乳头。也可采用上下或放射状方向检查,但应注意不要遗漏任何部位。同时一并检查腋下淋巴结有无肿大。最后,用拇指和食指轻轻挤压乳头观察有无乳头排液。如发现有混浊的、微黄色或血性溢液,应立即就医。

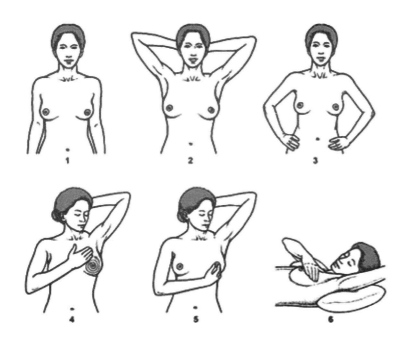

三、子宫肌瘤的预防

子宫肌瘤又称子宫平滑肌瘤,是女性生殖器最常见的一种良性肿瘤。其发病率占了妇科肿瘤的 20%—25%,尤其是 40—50 岁的妇女。

疾病表现

1.月经改变。月经改变是子宫肌瘤的主要症状,表现为周期缩短、月经期延长,月经过多。

2.腹部包块。肿瘤较大时,平躺后可在下腹部摸到一硬块,特别是清晨膀胱充盈的时候更为明显。

3.排尿排便异常。尿频、排尿障碍、排便困难等。

4.白带增多。产生大量的脓血性分泌物,伴有臭味,可有血性白带。

5.贫血。长期月经过多,导致贫血,全身乏力、面色苍白、气短、心悸等。

6.腰痛、腰酸。经期会加重。

7.不孕或流产。

预防方法

1. 定期参加妇科普查, 以便早发现早治疗。

2. 绝经期保持心情愉悦, 不要有负面情绪。中年女性面临着生活和家庭的双重精神压力, 易产生抑郁情绪。而伴随着绝经期的到来, 女性自身的抑郁情绪, 很容易促使雌激素分泌量增多, 且作用加强, 有时可持续几个月甚至几年, 这可能诱发子宫肌瘤。

患者注意事项

1. 防止过度疲劳, 经期尤须注意休息。

2. 多吃蔬菜, 水果, 少食辛辣食品。

3. 保持外阴清洁, 干燥。内裤宜宽大, 若白带过多, 应注意随时冲洗外阴。

4. 应定期到医院检查。如肌瘤增大缓慢或未曾增大, 可半年复查 1 次; 如增大明显, 则应考虑手术治疗, 以免严重出血或压迫腹腔脏器。

5. 避免再次怀孕。患子宫肌瘤的妇女在做人工流产后, 子宫恢复差, 常会引起长时间出血或慢性生殖器炎症。

6. 如果月经量过多, 要多吃富含铁质的食物, 如大枣, 以防缺铁性贫血。

7. 不要额外摄取雌激素。绝经以后尤应注意, 以免子宫肌瘤长大。

第五单元　老年保健

　　老年人在生理上一般表现为活动能力降低,听力视力减弱,记忆力和意志的减退;机体免疫功能衰退,抵抗力下降;营养吸收力降低;内环境平衡能力减弱,适应能力差。容易患病,患病后又容易合并感染,一旦患病,病程长,恢复慢,疗效差,易反复。

　　老年人在心理上常会因为能力衰退和地位变化等产生惶恐遗弃感,因为子女成家立业、亲朋亡故等产生孤独寂寞感。爱操心,对有些年轻人的生活习惯看不惯,管不了,因而焦虑不安。常常多疑、啰嗦,自卑。

　　根据生理心理特点,老年人只有注重保健,才能有幸福的晚年生活。

模块一　合理的饮食

老年人消化系统在退化,因此对饮食有更多的要求。

一、饮食原则

1. 数量少一点

老年人每日唾液的分泌量是年轻人的 1/3,胃液的分泌量也下降为年轻时的 1/5,因而稍一吃多,就会肚子胀、不消化。所以,老人每一餐的进食量应比年轻时减少 10% 左右,同时要保证少食多餐。

2. 质量好一点

蛋白质对维持老年人机体正常代谢,增强机体抵抗力有重要作用。一般老人,每公斤体重需要 1 克蛋白质,食品选择应以鱼类、禽类、蛋类、牛奶、大豆等优质蛋白质来源为主。

3. 蔬菜多一点

多吃蔬菜对保护心血管和防癌很有好处,老人每天都应吃不少于 250 克的蔬菜。

4. 菜要淡一点

老年人的味觉功能有所减退,常常是食而无味,总喜欢吃味重的食物来增强食欲,这样无意中就增加了盐的摄入量。盐吃多了会加重肾负担,可能降低口腔黏膜的屏障作用,增加感冒病毒在上呼吸道生存和扩散的几率。因此,老人每天食盐的摄入量应控制在 5 克左右,同时要少吃酱油和其他咸食。

5.品种杂一点

荤素兼顾,粗细搭配,品种越杂越好。主副食品(不包括调味料)不应少于10样。

6.饭菜香一点

这里说的"香",不是指多用盐、味精等调料,而是适当往菜里多加些葱、姜等调料。人的五官是相通的,可以用嗅觉来弥补味觉上的缺失。闻着香喷喷的饭菜,老人一定能胃口大开。

7.食物热一点

生冷食物多性寒,吃多了会影响脾胃消化吸收,甚至造成损伤。因此,老年人要尽量避免生冷食物,尤其在严冬更要注意。

8.饭要稀一点

把饭做成粥,不但软硬适口、容易消化,而且多具有健脾养胃、生津润燥的效果,对益寿延年有益。但老人不能因此而顿顿喝粥,毕竟粥以水为主,"干货"极少。在胃容量相同的情况下,同体积的粥在营养上和馒头、米饭相差很多,长此以往,可能会营养不良。

9.吃得慢一点

细嚼慢咽易产生饱胀感,防止吃得过多,可使食物消化得更好。

10.早餐好一点

早餐应占全天总热量的 30%—40%,质量及营养价值要高一些、精一些,但不宜吃油腻、煎炸、干硬以及刺激性大的食物。

11. 晚餐早一点

"胃不和,夜不安",晚餐吃得太晚,不仅影响睡眠、囤积热量,而且容易引起尿路结石。老人的晚餐最佳时间应在下午六七点,而且宜不吃或少吃宵夜。

二、健康食谱

1. 豆腐。人们常说"鱼生火,肉生痰,白菜豆腐保平安"。老人常吃豆腐,对于血管硬化、骨质疏松症等有良好的食疗作用。

2. 大白菜。俗话说"白菜吃半年,大夫享清闲"。大白菜有养胃、利肠、解酒、利便、降脂、清热、防癌等功效,常吃白菜有利于祛病延年。

3. 玉米。多吃玉米可预防高血压和动脉硬化。

4. 牛奶。"喝奶使骨骼坚",牛奶含钙很丰富,吸收率也很高,还含有较多的维生素等,这些对老人来说是必要的,有益的。喝酸奶能降低胆固醇,常喝酸奶的老人不易患心血管病,还能明目,固齿,防止细胞老化。

5. 鸡蛋。蛋清中含大量水分、蛋白质;蛋黄含无机盐,而且钙、磷、铁和维生素都比较丰富,老年人应该每天一个鸡蛋。

6. 粥。历代医家和养生学家对老人喝粥都十分崇荐。《随息居饮食谱》说，"粥为世间第一滋补食物"，粥易消化吸收，能和胃，补脾，清肺，润下。

7. 小米。小米是老人的最佳补品，历来就有"五谷杂粮，谷子为首"的说法。

8. 冬天不离萝卜。"冬吃萝卜夏吃姜，一年四季保安康"，萝卜是地道的老人保健食品。

友 情 链 接

老年人禁忌食品

1. 老年人：世界卫生组织和卫生部规定，我国60岁以上为老年人。

2. 老年人不宜常食和应少食的食品：熏烤类食品、腌渍类食品、污染类食品、油炸食品、冰镇类食品、动物内脏类食品、酸性食物等。

模块二　适当的运动

　　医学之父希波克拉底说："阳光、空气、水、运动,这是生命和健康的源泉。"可见运动对健康的重要性。老年人参加日常的中等强度的身体活动能够延缓机能衰退,改善心肺功能,防治慢性病,保持肌肉力量,减少跌倒危险,消除身心紧张和压力,提高生活自理能力和生命质量。

运动原则

　　运动的强度及时间要依个人的体能慢慢地增加,做到"有点累但又不至于太累"的程度,不可到"喘得说不出话来"的地步。

1.因人而异,选择适宜

农村老年人由于长年累月的体力劳动,有时长时间站立,有时弯腰,容易引起下肢静脉曲张和腰肌劳损,所以老人们在体力劳动后应进行一些轻松的运动,可使疲劳的身体加快恢复。农闲时节,老人的活动量大大减少,这时要适当做些运动。

2.循序渐进,持之以恒

活动或运动的强度应由小到大、逐渐增加,并长期坚持。运动前要有 5 至 10 分钟的暖身运动,运动后也要有数分钟的缓和运动。

3.自我监护,确保安全

在活动或锻炼过程中,一定要注意自我感觉。当出现不适感觉时,应立即停止活动;出现严重不适感觉时,应及时就医。

运动项目

1.步行。这是最适合老年人的运动,经常步行锻炼,能调节各器官功能,增强腰腿肌力。

2.体操。舒展四肢,让身体每根神经都得到放松,可以舒缓老人们僵硬的四肢。适合老年人的体操种类很多,如广播操、保健操、医疗体操。

3.自我按摩。一般手法有推、擦、揉、捏、掐、点、拿、搓等,可以促进血液循环,改善代谢功能。

4.慢跑。这项运动可使心肌增强增厚,具有锻炼心脏、保护心脏的作用。一次不超过 30 分钟。

5.太极拳。太极是斯文的运动,常用"静中有动,动中有静"来形容。太极可以帮助老人们协调平衡能力,对身体的柔软度也很有帮助,适合年高体弱、高血压、冠心病患者。

6.广场舞。适合身体灵巧有体力的老人。广场舞能陶冶情操,让老人们心情愉悦,点燃他们的生活热情。

7.器材锻炼。小区或公园里的运动器材、吊环、转盘腰背按摩器等都适合老人做运动锻炼。

注意事项

1. 吃饭前后 1 小时不宜运动。

2. 穿软底舒服的鞋,防止脚被磨损,同时减少意外的发生。

3. 老人不宜做剧烈运动,如跳跃,举重等;也不宜做下蹲和爬山等运动。

4. 运动中间不宜大量饮水,特别是不要饮凉井水,避免胃肠骤然受到凉刺激引起痉挛。

5. 雨雪天气不宜到户外运动,以避免骨折。

友 情 链 接

整日奔忙在田间地头的农民还需要体育锻炼吗?

体力劳动中身体的活动往往是局部、单调而机械的;长年的单一劳动,会造成某些身体器官的疲劳甚至损伤。而体育是一种有意识的主动的活动,带有游戏性,此时身体舒展,心情放松,不仅能起到强身健体的效果,更重要的是,获得心情的愉悦和精神的享受。有人形象地概括,体育活动是一种"愉快地筋疲力尽"。

可见,适当的体力劳动可以起到一定的锻炼身体的作用,但体力劳动绝不能代替体育运动。人们在劳动之余,都应根据自己的身体状况,根据场地条件,选择适当、适度的体育健身活动。

模块三　良好的心态

老年人心情愉快是最重要的,因为愉快的心情可以让老年人的食欲和器官得到正能量,从而保证身体健康。很多农民进入老年后,由于缺乏自我调节能力,往往产生焦虑、抑郁、精神分裂等心理问题。

一、农村老人的几种心态

1. 失落感

很多农活都力不从心、经济收入减少、不再受到尊重和重视,社会地位逐渐下降,尤其是在一些家庭琐事上,观点完全不被接受。老人往往会对周围的环境产生极大的不满情绪、总爱跟身边的亲属发牢骚、抱怨事事不顺利等等。

2. 无助感

有的老人身体很好,但就是没有儿女在身边,使他们的生活过得很糟糕。承受着巨大压力,身心疲劳。老人晚上睡觉睡不好,总感到无依无靠,非常渴望亲情的温暖。

3. 恐惧感

人到了 60 以后,体力和记忆力都会逐步下降,这是人体正常的衰老变化。有些老人不敢正确面对这些改变,再加上一些生活中不可避免的状况,如老伴去世、老邻居去世、以前的同事去世,他们就会陷入痛苦和悲伤中不能自拔,产生恐惧心理,时间长了以后就会影响健康。

4. 孤独感

子女长大后各自成家,或者外出打工上学,都不在老人身边,这时就会产生孤独感。尤其是看到周围邻居家的孩子经常回来探望老人,这种孤独感就更强烈。

二、保持良好的心态

1. 放下旧观念。老年人要跟上科技的发展、社会的进步,放弃那些封建保守落后的观念,比如重男轻女,因为观念的差异往往导致家庭矛盾,影响情绪和健康。

2. 学会自我调节。生老病死,这是自然规律,但老伴的去世还是会严重影响到老人的生活,甚至会长期陷入伤心、恐惧中不能自拔。这些不顺心的事情,需要老人通过一些方式来缓解,不要憋在心里,可以找老邻居唠唠,或者夏天一起乘凉、打扑克、聊天,还可以串门,互相之间能够倾听或者解解烦闷。

3. 做力所能及的事情。平时可以适量地做一些农活,比如收拾自家的菜园、拾柴等,但不要到高低不平的山地上劳动;不要爬高,比如摘枣、摘果等。还可以参加集体组织的活动,比如扭秧歌等适度的锻炼。

4. 生病后及时就医。如果身体出现疾病,也不要恐惧、不要急躁,及时地看医生,积极配合治疗,相信现在的医疗水平,不要盲目地听信民间偏方、保健药品等等,合理的锻炼、健康的饮食才是最有效的。

5. 学会沟通。每次孩子回来,老人都可以跟孩子唠唠最近发生的事儿,听听孩子工作、学习中的有趣事儿,也许老人解决不了什么大问题,但是这却增进了感情,缓解了老人的失落感。

友 情 链 接

记住 "一、二、三、四、五"

一个中心:以健康为中心

两个要点:潇洒一点、糊涂一点

三个忘记:忘记年龄、忘记恩怨、忘记疾病

四个有:有个老伴、有个老窝、有点老底、有几个老友

五个要:要玩、要笑、要跳、要俏、要聊

模块四 老年常见病的预防

一、白内障

各种原因引起的晶体的混浊统称为白内障。白内障的发病原因很多，最常见的为老年性白内障，是随着年龄的增长而出现的正常生理现象。

疾病表现

1.多为双眼，但两眼可有先后。患者会看不清楚东西，眼前总是有黑点飘来飘去。

2.在看报纸或者看电视时，会有字体变形、人物扭曲的现象。

3.感觉看任何事物都是双影，视力逐渐下降丧失。

预防方法

1.保持良好的精神状态。遇事泰然处之，心胸应宽广，保持情绪舒畅。培养对花鸟金鱼的兴趣，陶冶情操；多与年轻人交谈，分散对不愉快事情的注意力。激起旺盛的生活热情，能起到阻止和延缓病情进展的作用。

2.积极防治慢性病。包括眼部的疾患及全身性疾病，尤其是糖尿病最易并发白内障，要及时有效地控制血糖，防止病情的进一步发展。

3.戒烟。实践证明，吸烟容易患白内障，所以老人应及早戒烟。

4.加强用眼卫生。平时不用手揉眼；不用不干净的手帕和毛巾擦眼，洗眼。用眼过度后应适当放松，如看久了电视后应间隔1—2小时起身活动10—15分钟，举目远眺，或做眼保健操，或出门走走。要有充足的睡眠，及时消除疲劳。

5.科学家研究发现，维生素C具有防止白内障形成的作用。饮食宜选择富含蛋白质、钙、微量元素、维生素ABCD的食物，平时多食鱼类，能保持正常的视力，阻缓病情的进展。

6.一旦发现视力模糊，看东西双影，应及早就医，控制病情的发展。

患者注意事项

1.如需眼药,应按时滴用。点药前要洗净双手,眼药瓶口不要接触眼睛和手,以防污染。

2.手术后尽量避免用力咳嗽,严禁外力碰撞、按压眼睛,避免低头、揉眼,午睡和夜间睡眠要平卧或向非手术眼侧卧;戴眼罩,以防伤眼。

3.尽量避免强光刺激,外出时可佩戴遮阳帽或者深色墨镜。

4.坚持做眼部按摩,积极改善血液循环。

5.调整饮食结构,适当补充维生素和微量元素。

友 情 链 接

正确做"眼保健操"才能保健

眼保健操不可能"改善"视力,但可以缓解眼部疲劳是必然的,注意做眼保健操前需清洁双手。

第一节:揉天应穴

以左右大拇指罗纹面按左右眉头下面的上眶角处。其他四指散开弯曲如弓状,支在前额上,按揉面不要大。

天应穴:又名阿是穴。这类穴位一般都随病而定,多位于病变的附近,也可在与其距离较远的部位,没有固定的位置和名称。

第二节:挤按睛明穴

以左手或右手大拇指按鼻根部,先向下按、然后向上挤。

睛明穴:内眼角上方,眼眶骨边缘凹陷处。

第三节:按揉四白穴

先以左右食指与中指并拢,放在靠近鼻翼两侧,大拇指支撑在下腭骨凹陷处,然后放下中指,在面颊中央按揉。注意穴位不需移动,按揉面不要太大。

四白穴:双眼平视前方时,眼眶下缘正中直下一横指处。

第四节:按太阳穴、轮刮眼眶

拳起四指,以左右大拇指罗纹面按住太阳穴,以左右食指第二节内侧面轮刮眼眶上下一圈,上侧从眉头开始,到眉梢为止,下面从内眼角起至外眼角止,先上后下,轮刮上下一圈。

太阳穴:在外眼角与眉梢之间向后大约一寸的地方。

养生饮食好方法

　　新鲜西红柿,开水烫洗,去皮后,每天早晚空腹时吃1个,或将鲜鸡蛋与西红柿烧汤,调味食用。西红柿富含谷胱甘肽及维生素C等营养,对防治老年性白内障有很好的作用。

二、青光眼

　　青光眼是眼内的压力间断或持续升高的一种常见疑难眼病,按其病因可分为原发性青光眼和继发性青光眼两大类。原发性青光眼一般与眼睛状况相关,如眼球小、眼轴短、远视、前房浅等,若情绪波动、在光线较暗的地方停留过久、长时间低头阅读等,就可能诱发青光眼。继发性青光眼多由于外伤、炎症、出血、肿瘤等,破坏了房角的结构,使房水排出受阻而导致眼压升高。总之,青光眼是由于眼内生成的水不能正常排出而引起的,发病迅速、危害性大、随时可导致失明。

　　疾病表现

　　1. 眼睛常常疲劳不适,感到酸胀,休息之后就会有所缓解。

　　2. 视力模糊,近视眼或老花眼突然加深。

　　3. 眼睛常觉得干涩,疲劳不适,胀痛。头痛,失眠,血压升高,休息后可缓解。

　　4. 有部分患者对疼痛忍受性较强,仅表现为眼眶及眼部不适,牙齿等部疼痛。

预防方法

1.保持心情舒畅,避免情绪过度波动。青光眼最主要的诱发因素就是长期不良精神刺激,如脾气暴躁、抑郁、忧虑、惊恐等。

2.保护眼睛,注意用眼卫生。不要在强光下读书、看报;黑暗的房间内停留时间不能过长,光线必须充足柔和。不要过度用眼,要经常按摩眼部。

3.饮食起居要规律,劳逸结合。适当进行体育锻炼,如散步、打太极等,不要参加剧烈运动。保持睡眠质量。饮食要清淡营养丰富,禁烟酒、浓茶、咖啡。适当控制进水量,每天不能超过 1000—1200 毫升,一次性饮水不得超过 400 毫升。

4.使用药物,要注意药物之间的影响。

5.妇女闭经期、绝经期,以及痛经时可能会眼压升高,应高度重视。经期如出现青光眼表现者,应及时就诊。

6.青光眼家族及接触危险因素者,必须定期复查,一旦有发病征象,必须积极配合治疗,防止视功能突然丧失。

患者注意事项

1.注意饮食卫生,多进易消化的食物,如蔬菜、水果等。保持大便通畅。

2.不吃或少吃刺激性食物,如辣椒、生葱、胡椒等。

3.不可过量吸烟。由于尼古丁可引起视网膜血管痉挛,导致视神经缺血,而且烟草中的氰化物可引起中毒性弱视,危害视功能。

4.限制饮酒。因为大量饮酒可造成眼球毛细血管扩张,眼睛充血加重,甚至导致青光眼急性发作。

5.少喝浓茶。喝浓茶往往会过度兴奋,影响睡眠,引起眼压升高。

6.注意节制饮水量(特别是冬天),一般每次饮水不要超过 500 毫升。因为一次饮水过多,可造成血液稀释,血浆渗透压降低,使房水相对增多,导致眼压升高。

早发现、早诊断、早治疗、促健康

青光眼是我国主要致盲原因之一,而且青光眼引起的视功能损伤是不可逆的,后果极为严重。但早期发现、合理治疗,绝大多数患者可终生保持视功能。

三、褥疮

褥疮,又称压疮,压力性溃疡。由于身体皮肤组织长期受压,使血液循环受阻,发生持续缺血、缺氧、营养不良而致组织溃烂坏死。

疾病表现

1. 初期:局部皮肤仅表现为红斑水肿,或苍白色、青灰色,分界清楚。有麻木感或触痛。若及时处理,可于数天内好转。

2. 中期:皮肤颜色为深紫色或紫黑色,可出现水疱,疱壁破裂后会形成糜烂面。

3. 晚期:溃疡形成,浅层溃疡者可达皮下组织,深层溃疡者可达骨组织,继发感染后脓液多,且有臭味。

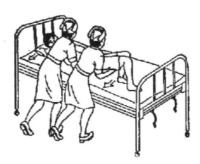

预防方法

1. 避免局部长期受压。尤其是一些长期卧床的老人,一定要定时翻身,最好每2小时至3小时翻身一次;如果是脑血栓或者深度昏迷的患者,要每隔 30 分钟至 60 分钟翻身一次。

2. 经常按摩受压部位。可以给老人的四肢揉一揉、捏一捏,这样也能促进血液循环。必要时可以用海绵垫把受压部位垫起,特别是骶尾部,若有条件可采用各种医疗器械减轻局部组织压力或使之交替受压,如脉冲式气压垫、喷气式医疗气垫。

3. 保持皮肤清洁干燥。要保持床铺的平整、清洁、柔软、干燥。可以经常给老人更换床单,以棉质床单为宜。在更换床单时,动作一定要轻快,一定不要推拉老人。杂物尽量不要放在老人身边。每次排便后要及时清除大小便,用温水擦洗,避免局部刺激,以防诱发褥疮。

4. 尽量不要让长期卧床的老人长时间地使用尿不湿垫,做到勤看勤换。可以在尿不湿垫上面放一层棉布床单,避免老人的皮肤直接接触尿不湿。

5. 每日要选择新鲜有营养的食物补充,少食多餐。尽量不要吃辛辣和一些发物,比如花生、虾等;经常吃一些应季的水果,多吃蔬菜,多喝水。

6. 改变局部的血液循环,如可经常用 50% 酒精轻轻地按摩局部,然后外涂滑石粉每天 2—4 次。

患者注意事项

1. 一旦发现褥疮发黑,一定要到医院进行处置,把坏死的组织切除,每天按时清理伤口、换药。

2. 一些长期卧床的老人,可能使用尿不湿垫,时间久了屁股底下会有小包和水疱,这是褥疮前兆。建议在小包或水疱的周围地方每天消毒一到两次,勤翻身,局部涂擦褥疮膏治疗。

3. 褥疮的创面愈合后,要避免再次复发,要帮助老人适当地做一些运动,促进血液循环。

4. 一旦发现患有褥疮的老人出现体热、寒战等症状,提示可能有炎症感染,应及早到医院治疗。

友 情 链 接

药物治疗注意事项及饮食

早期的褥疮可定时按摩、变换体位,局部酒精涂擦或红外线照射。若炎症明显,可用 0.5% 的新霉素溶液湿敷。出现水疱后可涂抗生素软膏后再覆盖上无菌纱布。若无全身感染迹象,一般不需系统使用抗生素。此外,饮食要清淡,患者要保持高蛋白饮食,以促进伤口愈合。

第六单元　险情应对

　　生活中常常有很多突发事件让大家手足无措,使危险带来的伤害不能得到卫生处理和有效控制,导致某些后遗症的发生。本单元主要介绍常见突发险情的应急方法和注意事项。

模块一　烧伤

大多数人都认为烧伤是火焰造成的损伤,其实它还包括热液、蒸汽、高温气体、电能、化学物质、放射线,灼热金属液体或固体等致伤因素。其中将热液、蒸汽所致的热力损伤称为烫伤。烧伤不仅能损伤表皮,还会直接损伤到内脏和器官,如饮入很烫或者有腐蚀性的液体后,会导致食管和胃部烧伤;火灾现场由于吸入烟或空气会造成肺部烧伤。

疾病表现

一度烧伤:烧伤部位出现红、肿、热、痛及波动感,没有水疱,3—5日后痊愈,没有瘢痕。

浅二度烧伤:水疱较大,剧痛,伤口底部肿胀发红,2周左右愈合,无瘢痕但有色素沉着。

深二度烧伤:水疱较小或无水疱,感觉迟钝;创面浅红或红白相间,或可见栓塞血管。3—4周可愈合,有瘢痕。

三度烧伤:无水疱,蜡白或焦黄,皮革状,甚至碳化,感觉消失,或可见树枝状栓塞血管。2—4周后结痂自然分离,形成新的肉芽组织。

处理方法

轻度烧伤

步骤一：自来水冲洗伤口

烧伤后患者应先用自来水冲洗伤口，降低烫伤部位皮肤的温度，防止烫伤部位进一步损伤，冲洗后患者的疼痛也会减轻。不能浸泡的用冰块冷敷，这样可以有效抑制伤势的发展。

步骤二：不要着急脱掉衣服

当烧伤部位有衣物覆盖时，将患者身上衣服用剪刀剪掉，展开。切忌直接脱去，以免摩擦使伤势更加严重。

步骤三：正确处理水泡

如果烧伤处有水泡，一般不要弄破，防止留下疤痕；如果水泡较大或处在关节较易破损处，则需用消毒针扎破；如果水泡已经破掉，则需用消毒棉签擦干水泡周围流出的液体。

步骤四：用纱布进行包扎

可在伤口处涂抹烫伤膏。如水疱较大，应将针消毒后刺破水疱，慢慢放出液体后涂抹烫伤膏，如果发现伤口处感染，应立即去医院就医。

强酸烧伤

如硫酸、盐酸、王水、硝酸，因其浓度、溶液量以及皮肤接触面积不同，而造成轻重不同的烧伤。

用大量温水或清水反复冲洗皮肤，不要怕冲洗时增加疼痛，如果有一点残留烧伤后果都会非常严重。

强碱烧伤

如苛性碱、氨、石灰等烧伤均属于强碱烧伤。

用大量清水反复冲洗20分钟，然后用食醋清洗，有效中和碱性烧伤。如果是石灰烧伤应先去除石灰，再冲洗，切忌直接冲洗，因生石灰遇水会产生大量热量灼伤皮肤。

注意事项

1. 伤员不得直接喝白开水，可给予适量糖水或盐水。

2.烧伤创面不得用红药水、紫药水或酱油消毒,以免掩盖烧伤程度。

3.运送病人去医院时,动作要轻柔、平稳,随时观察患者状况,若中途发现心跳呼吸骤停应立即抢救。

电灼伤和化学烧伤

1.电灼伤是由电流经身体产生5000℃以上的高温引起,电流进入身体,皮肤常被完全破坏和烧焦。

2.化学烧伤是由于各种刺激性和有毒的化学物质引起,包括强酸、强碱、苯酚、甲苯和磷等化学物质。化学烧伤后可以引起组织坏死并且在伤后几个小时慢慢扩展。

模块二　割伤

新鲜伤口的处理方法

如果伤口不大且边缘整齐,用棉签蘸双氧水清洗即可,伤口周围用碘酊或酒精消毒后用创可贴覆盖;如果出现表皮剥脱,应清洗消毒后撒少许盐粉,然后用干净的纱布包扎;如果伤口过大过深,请立即去医院清创缝合;如果为铁锈或污染物所伤,需先注射破伤风抗毒后再进行处理。

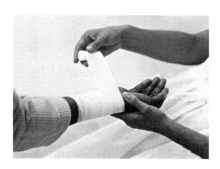

浅表软组织化脓性感染的处理方法

很多伤口由于受伤后未及时处理导致伤口感染形成化脓性伤口,处理方法如下:

步骤一:清除坏死组织

化脓伤口禁止挤捏,如伤口不深,可以用消毒棉签和碘酒将脓液和坏死组织清除干净。

步骤二:包扎

如伤口深,用干净纱布将清洁后伤口进行包扎。

友情链接

促进术后伤口愈合饮食

注意补充营养,建议患者可以补充一些含有复合氨基酸或者蛋白质的营养品,如喝鱼汤,吃乳鸽、海带、苦瓜、蜂蜜、鲈鱼等。

模块三　煤气中毒

常见原因

1. 使用燃气后忘记关闭阀门。

2. 燃烧的燃气无人看管,溢出的汤水把火浇灭或被风吹灭。

3. 燃气具安装或使用不当,如擅自改动迁移燃气设备。

4. 私自灌气或者煤未充分燃烧。

5. 使用不合格器件,如阀门、胶管、气瓶等。各接口久用失修,锈蚀严重,形成关闭不密封、胶管严重超长、老化爆裂等。

中毒症状

1. 轻度中毒:头晕、胸闷、心慌、眼花、恶心、耳鸣、腿软、头痛等。患者只要及时离开所处环境,呼吸新鲜空气,症状便会消失。

2. 中度中毒:除轻度中毒症状外,患者还会出现呼吸、脉搏增快,全身无力,面色、胸部、四肢皮肤呈樱桃红色,四肢发凉,嗜睡。此时如果及时脱离所处环境,患者会很快清醒,不会有后遗症。

3. 重度中毒:患者呈深昏迷状态,大小便失禁,呼吸浅快,四肢瘫软,

各种反射消失,血压下降,瞳孔先缩小后逐渐扩大。此时及时抢救成功,
也会有精神障碍后遗症。

抢救方法

步骤一：立即打开窗户通风换气,解开患者衣领和裤带。

步骤二：如患者能饮水可以给予热汤茶和热饮料。

步骤三：如患者已心跳、呼吸骤停,需立即进行心肺复苏。

步骤四：如患者已昏迷需刺入人中、劳宫、涌泉、十宣等穴,以促其
苏醒。

步骤五：重度昏迷患者应送医院进行抢救。

模块四　农药中毒

常见原因

1. 配药时没有用专用的工具和容器，随意配置浓度不恰当的农药。

2. 喷药没有遵守安全操作规程，喷药的工具没有专人保护和及时维修，出现泄漏。

3. 没有做到合理使用农药，把剧毒农药用于食物的成熟期或果树治虫。

有机磷农药中毒症状

轻度中毒：在 24 小时内出现头晕、头痛、恶心、呕吐、多汗、胸闷、视力模糊、无力等。

中度中毒：呼吸困难、流涎、腹痛、腹泻、步履蹒跚、意识模糊。

重度中毒：肺水肿、昏迷、呼吸麻痹、脑水肿等。

目前我国广泛使用的有机磷农药主要包括敌敌畏、对硫磷（1605）、甲拌磷（3911）、内吸磷（1059）、乐果、敌百虫、马拉硫磷（4049）等。

抢救方法

1. 如经皮肤引起的中毒，应立即脱去被污染的衣裤，迅速用温水、肥皂水、4% 碳酸氢钠溶液冲洗干净。若眼内溅入农药，立即用生理盐水冲洗 20 次以上，然后滴入 2% 氢化可的松和 0.25% 氯霉素眼药水；疼痛严重者，可滴入局部麻醉药 1%—2% 普鲁卡因溶液。

2. 吸入中毒者，应立即将中毒者带离现场，到空气新鲜的地方，解开衣领、腰带，保持呼吸道通畅。去除假牙，注意保暖，严重者去医院抢救。

3. 经口引起的中毒者,应首先引吐,引吐是排毒的重要方法,引吐方法有四种:

①先给中毒者喝 200—400 毫升水,用干净手指或筷子等刺激咽喉引起呕吐。用 1% 硫酸铜溶液每 5 分钟一匙,连续服用三次,起到引吐的作用。

②用肥皂水引吐。

③用中药胆矾 3g、瓜蒂 3g 碾成细末,一次冲水服下。

④砷中毒时用鲜羊血引吐。

⑤洗胃,引吐后应尽快去医院彻底地洗胃。

引吐注意事项

1. 敌百虫中毒后不能用肥皂水冲洗,否则会变成敌敌畏。

2. 引吐时患者必须神志清醒,以免呕吐物误吸入气管造成窒息。

模块五　动物咬伤

一、蜂蜇伤

伤口表现

被蜜蜂蜇伤后局部会有红肿、疼痛,过一段时间症状会消失,如果蜂刺留在皮肤内会出现化脓。过敏病人被蜂蜇伤可能发生荨麻疹、水肿、哮喘或过敏性休克。

如果被蜂群蜇伤,会出现头晕、恶心、呕吐,甚至休克、昏迷、迅速死亡。

处理方法

蜜蜂蜇伤,可用弱碱性溶液如碳酸氢钠外敷。黄蜂蜇伤,可用弱酸性溶液如食醋外敷。如果蜂刺留在伤口内,用小针挑拨或胶布粘贴去除蜂刺,但不要挤压。局部症状较重者可采用火罐拔毒,并给予止痛药或止痒药。有全身症状时,必须立即去医院就诊。

二、猫咬伤

伤后表现

因猫咬伤后伤口会出现红肿、疼痛,严重者还会引起淋巴管炎、淋巴结炎及蜂窝组织炎,所以遇到此种情况必须及时处理。

处理方法

如是四肢咬伤,应在伤口上方扎止血带,然后清创。先用清水、盐开水或 1∶2000 高锰酸钾溶液冲洗,然后用碘酒局部烧灼伤口,伤势严重者应立即去疾控部门注射狂犬疫苗。

三、狗咬伤

伤后表现

普通狗咬伤,伤口边缘不齐、深浅不一、流血、局部肿胀、疼痛。

疯狗咬伤后,开始的一段时间患者会出现头痛、疲惫、眩晕、咽痛、失眠、恶心、呕吐、食欲不振、发热、怕声、怕光、怕风、伤口疼痛、麻木,伤口上好像有蚂蚁在走。接着患者会进入兴奋期,极度恐怖、抽搐、呼吸困难、排尿困难、多汗、流涎、幻听,口渴却又不敢饮水。麻痹期患者逐渐安静、四肢瘫软、血压下降、瞳孔散大,最终因呼吸、循环系统衰竭死亡,病死率达 100%。

处理方法

无论是普通狗咬伤还是疯狗咬伤都应以最快速度用大量清水彻底

冲洗,这种伤口往往是外面小里面深,冲洗的时候尽量把伤口扩大,并用力挤压周围软组织,设法把伤口上的唾液和血液冲洗干净,立即去医院注射狂犬疫苗。

接种狂犬疫苗的注意事项

1. 接种疫苗期间不要进行剧烈运动或重体力劳动。

2. 接种期间不要喝浓茶、咖啡,不要吃辛辣刺激性食物,不要饮酒。

3. 避免使用激素类药物,如地塞米松、强的松等;避免使用免疫抑制剂,如环磷酰胺、硫唑嘌呤等;避免使用抗疟药,如喹宁、乙胺嘧啶。

四、毒蛇咬伤

伤后表现

1. 神经毒致伤表现:伤口局部出现麻木,知觉丧失或有轻微痒感,伤口红肿不明显,出血不多,约在半个小时后感觉头晕、嗜睡、恶心、呕吐、乏力,严重者会出现吞咽困难、说不出话、眼睑下垂或者看东西出现重影,最后呼吸困难、血压下降、休克导致循环系统衰竭死亡。

2. 血液毒致伤表现:咬伤局部迅速肿胀并不断向近侧发展,伤口剧痛,流血不止,伤口周围皮肤有水疱或血疱,皮下有淤斑,组织坏死,全身广泛出血,包括结膜下淤血、呕血、咳血、尿血等,最后导致出血性休克。

3. 混合毒致伤表现:以上两种表现均存在,但死亡原因以神经毒为主。

处理方法

毒蛇咬伤后,阻止蛇毒的吸收和加速毒液的排出是防止中毒的重要措施。被蛇咬伤后不要惊慌奔跑,应立即停止伤肢活动,就地取材在伤口上方(离心脏近的一端)进行结扎。每20—30分钟松开2—3分钟。用双氧水或肥皂水冲洗后将毒牙清除,用吸乳器或拔火罐将毒素吸出,也可用嘴吸出,但口腔溃疡者不能用此法,因为会将毒素吸进自己体内导致中毒。

五、蜈蚣咬伤

伤后表现

局部表现有痛、痒,严重者可发生伤口坏死,淋巴结炎和淋巴管炎。有的还会出现头痛、发热、眩晕、恶心、呕吐、自言自语、抽搐、昏迷等全身症状。

处理方法

立即用弱碱性溶液如碳酸氢钠进行冲洗和冷敷,或用等量的雄黄和枯矾研磨,以浓茶或烧酒调匀敷伤口。疼痛较重者应立即去医院就诊。

模块六　猝死

常见原因

冠心病、糖尿病、高血压患者容易导致猝死。不良的饮食习惯及生活方式也容易发生猝死，如吸烟酗酒、暴饮暴食导致肥胖、不运动和情绪波动太大等情况。

老年人可能由于噎食发生猝死，如因为牙齿缺失、咀嚼不良、吞咽动作不协调、饮酒后失去控制力、食道狭窄、情绪不稳受刺激等导致猝死。

疾病表现

猝死发生前无任何先兆，但部分病人可能有精神刺激和情绪波动，有些出现心前区闷痛，伴有呼吸困难、心悸、极度疲乏感。猝死发生时，心脏丧失有效收缩4—15秒即可晕厥、抽搐，呼吸迅速减慢，变浅，以致停止；心音消失，血压测不到，脉搏摸不到，皮肤发紫，瞳孔散大，对光反应消失。死前有些病人可发出异常鼾声，也有些病人在睡眠中安静死去。

抢救方法

心肺复苏

步骤一：通畅气道

将患者放置在硬的平板上，平躺头放正，撤出枕头及垫在头部的衣物等,头偏向一侧清除口腔异物,解开衣领和裤带。救护者双手将患者头部后仰,托住下颌关节。

步骤二:人工呼吸

人工呼吸目的是猝死后立即维持呼吸功能。简单的方法是口对口吹气,即救护者深吸气后将气吹入病人口中,吹气的同时,一手捏紧患者鼻孔,以 20 次 / 分进行。

步骤三:胸外按压

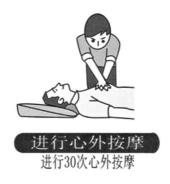

人工循环主要内容为胸外心脏按压。胸外心脏按压方法要正确,两手掌重叠置于病人胸骨下部,以保持主要按压力放在胸骨上,减少肋骨骨折的发生,按压时肘伸直,压力需足够大,压低胸骨 3—5 厘米,然后突然放松,以 60—70 次 / 分的速率按压,连续按压不间断。

判断有效标志

1.触到颈动脉或股动脉搏动;

2.患者有呼吸；

3.下体有液体流出；

4.散大的瞳孔开始缩小。

注意事项

在做心肺复苏过程中,每4—5分钟检查一次颈动脉及自主呼吸、瞳孔大小、对光反射等生命体征,检查要迅速,不能超过5秒钟。如果在医院外面抢救,当病人出现心跳后应立即送医院进一步治疗。

猝死救治要争分夺秒

　　猝死发生后,如果在2—4分钟内没有获得有效的治疗,大脑就会出现不可逆的损害,超过8分钟人就死亡了。当发现有人突然意识丧失而倒地时,应立即使其平卧,拍击其面颊并呼叫,同时用手触摸其颈动脉部位以确定有无搏动,若无反应且没有动脉搏动,就应立刻进行心肺复苏。

模块七　自然灾害

一、洪水

洪水是一种普遍的自然灾害,暴发后如不注意卫生安全,就会引起更多的疫情发生,如霍乱、伤寒、甲型肝炎等。

1.安全转移

突然遭到洪水袭击时,要沉着冷静,并以最快速度安全转移。安全转移要先人员后财产,先老幼病残人员,后其他人员。切不可心存侥幸或救捞财物而贻误避灾时机,造成不应有的人员伤亡。

2.紧急呼救

被洪水围困,要想办法向外界发出紧急求助信号,可制造烟火或来回挥动颜色鲜艳的衣物或集体同声呼救;同时要寻找体积较大的漂浮物等,主动采取自救措施。

3.防止触电

发现高压线铁塔倾斜或者电线断头下垂时,一定要迅速远避,防止触电。

4.急症处理

对于因呛水或泥石流、房屋倒塌等导致受伤的人员,应立即清除其口、鼻、咽喉内的泥土及痰、血等,排除体内污水。对昏迷伤员,应将其平卧,头后仰,将舌头牵出,尽量保持呼吸道畅通,如有外伤应采取止血、包扎、固定等方法处理,然后转送医院急救。

5.灾后防疫

洪水过后往往伴随疫情发生,应积极主动做好疫病防治工作,加强粪便、农药及鼠药等的管理,要特别重视食品和饮用水的安全。

二、泥石流

泥石流来势凶猛,且经常伴随山体崩塌,对农田和道路、桥梁及其他建筑物破坏极大。

1.观察迹象

泥石流发生前,河流突然断流或水势突然加大,并夹有较多柴草、树枝;深谷或沟内传来类似火车轰鸣或闷雷般的声音;沟谷深处突然变得昏暗,并有轻微震动感等。

2.有效逃生

发现有泥石流迹象,应立即观察地形,跑至沟谷两侧山坡或高地。逃生时,要抛弃一切影响奔跑速度的物品。不要躲在有滚石和大量堆积物的陡峭山坡下,不要停留在低洼地方,也不要攀爬到树上躲避。

三、地震

地震灾害的伤亡主要由建筑物倒塌造成。

1. 躲避措施

地震发生时，要迅速跑到空旷地带躲避；如果来不及跑，可躲在坚固物体下面并用毛巾衣物捂住口鼻防尘、防烟。尽快关闭电源、火源；尽量避开高大建筑物、立交桥，远离高压电线及化学、煤气等工厂或设施；尽量避开山脚、陡崖，以防滚石和滑坡；远离海边，以防地震引起海啸。

2. 应急处理

身体遭到地震伤害时，应设法清除压在身上的物体，尽可能用湿毛巾等捂住口鼻防尘、防烟；用石块或铁器等敲击物体与外界联系，不要大声呼救，注意保存体力；设法用砖石等支撑上方不稳的重物，保护自己的生存空间。参加震后搜救时，应注意搜寻被困人员的呼喊、呻吟和敲击器物的声音；不可使用利器刨挖，以免伤人。找到被埋压者时，要及时清除其口鼻内的尘土，使其呼吸畅通；已发现幸存者但解救困难时，首先应输送新鲜空气、水和食物，然后再想其他办法救援。

3. 注意事项

遇到地震要保持镇静，不能拥挤乱跑。震后应有序撤离。已经脱险的人员，震后不要急于回屋，以防余震。对于震动不明显的地震，不必外逃。遭遇震动较强烈的地震时,是逃是躲,要因地制宜。要关注政府发布的最新消息,不听信和传播谣言。

四、雷击

雷击是云层对大地的放电,对建筑物、电子电气设备和人畜危害特别大。

应急措施

1. 切断电源

不冒险外出;将门窗、电闸、煤气管道、自来水管道关闭;不接打电话,也不上网;不接触金属和带电装置;不在雷电交加时用淋浴喷头洗澡。

2. 及时躲避

在户外遇到雷电时,要及时躲避,不要在空旷野外停留;在空旷野外无处躲避时,要尽量寻找低洼之处藏身,或者弯腰低头,抱膝抵胸,双脚合拢,尽量减少身体与地面接触。旅游、划船、钓鱼时,遇到雷雨,不要站在空旷的高地、大树下,也不要在突出的岩石下或悬崖下躲避雷雨。如果发现头发竖起或有蚂蚁行走的感觉时,可能要被雷击,要立即趴在地上,并迅速撕下身上的金属物品。

3. 防止导电

如多人共处室外,相互之间不要挤靠,以防被雷击中后电流互相传导。

4. 应急措施

受到雷击的人可能被烧伤或严重休克,但身上并不带电,可以安全地加以处理和抢救。

首先将伤员转移至安全的地方,然后拨打 120 电话求救。受到雷击被烧伤或严重休克的人,应马上让其躺下,扑灭身上的火;若伤者虽失去意识,但仍有呼吸和心跳,应立即送医院治疗;若伤员停止呼吸,在颈动脉处检查脉搏,如果没有脉搏,那么就立即对伤员进行嘴对嘴的人工呼吸等心脏复苏抢救,要坚持到 120 医护人员到场。

第七单元　安全用药

　　滥用药物,已经成为危害人们健康的一个大问题。本章针对农村滥用药物的典型案例,如经常使用抗生素,导致身体耐药;自作主张长期服用保肝药物,导致胃穿孔后部分切除;滥用强的松导致肾衰竭;长期服用镇痛药,形成生理、心理依赖等,选取抗生素、激素、解热镇痛三类药物,提供详细的用药指导。

模块一　抗生素

抗生素就是用于治疗各种非病毒感染的药物。

常用抗生素

1. 青霉素

又被称为青霉素 G,如盘尼西林、青霉素钠、苄青霉素钠及头孢类,一般用于治疗咽炎、肺炎、扁桃体炎等。使用易过敏,过敏者会出现皮疹、血管性水肿等不良反应,最严重的为过敏性休克。

2. 红霉素、螺旋霉素、乙酰螺旋霉素

这类抗生素如罗红霉素、阿奇霉素等,适用于治疗扁桃体炎、猩红热、白喉及带菌者、淋病、肺炎链球菌下呼吸道感染。慢性肝病、妊娠期妇女禁用此类药物

3. 金霉素

常用药物如金霉素眼膏,适用于沙眼、结膜炎、角膜炎等眼睛疾病,使用时常会产生轻微刺激、过敏反应,出现充血、眼痒、水肿等症状。

4. 链霉素

常用药物如庆大霉素、卡那霉素等,用于治疗结核病、鼠疫、百日咳、细菌性痢疾和泌尿道感染等疾病,这类药物可能会出现听力减退、耳鸣、眩晕、皮疹、休克等副作用。

5. 氯霉素

常用药物如氯霉素胶囊,由于它的副作用大,所以临床用药少。一般用于治疗伤寒、副伤寒、脑脓肿等疾病,使用者可能导致贫血或骨髓造血受到抑制。

使用误区

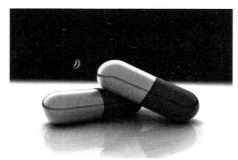

误区1：抗生素 = 消炎药

多数人误以为抗生素可以治疗一切炎症,实际上抗生素仅适用于由细菌引起的炎症,而对由病毒引起的炎症无效。

误区2：抗生素可预防感染

抗生素仅适用于由细菌和部分其他微生物引起的炎症,是杀灭微生物的。没有预防感染的作用,相反,长期使用抗生素会引起细菌耐药。

误区3：新的抗生素比老的好,贵的抗生素比便宜的好。要因病、因人选择抗生素。例如,红霉素是老牌抗生素,价格很便宜,它对于军团菌和支原体感染的肺炎具有相当好的疗效。而且,有的老药药效比较稳定,价格便宜,不良反应较明确。

误区4：使用抗生素的种类越多,越能有效地控制感染

不提倡联合使用抗生素。联合用药会降低疗效,易产生毒副作用或者导致细菌对药物的耐药性,所以能用一种抗生素解决的问题绝不应使

用两种。

误区 5：感冒就用抗生素

病毒或者细菌都可以引起感冒。病毒引起的感冒属于病毒性感冒，细菌引起的感冒属于细菌性感冒。抗生素只对细菌性感冒有用。

误区 6：发烧就用抗生素

抗生素适用于由细菌和部分其他微生物引起的炎症发热，咽喉炎、上呼吸道感染者多为病毒引起，抗生素无效。

误区 7：频繁更换抗生素

抗生素的疗效有一个周期问题，如果使用某种抗生素的疗效暂时不好，首先应当考虑用药时间不足。频繁更换药物，会造成用药混乱，从而伤害身体。

误区 8：一旦有效就停药

用药时间不足，可能见不到效果；即便见了效，也应该在医生的指导下服够必需的周期。如果有了一点效果就停药的话，不但治不好病，即使已经好转的病情也可能因为残余细菌作怪而反弹。

使用原则

1.凡属可用可不用的尽量不用。

2.发热原因不明者，除病情危重且高度怀疑为细菌感染者外，不宜使用抗生素。

3.病毒性感染的疾病不用抗生素。

4.皮肤、黏膜局部尽量避免应用抗生素，因用后易发生过敏反应，且易导致耐药菌的产生。

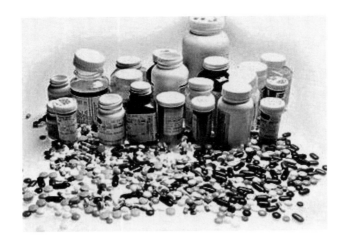

滥用危害

1.滥用抗生素会带来较强的毒副作用,直接伤害身体,尤其是对儿童的听力损害很大。

2.滥用抗生素会使细菌产生耐药性,使抗生素药物效果变差甚至无效。

3.滥用抗生素会杀死人体内的正常细菌,让致病菌乘虚而入,严重的造成人体死亡。

模块二　激素类药

外用的皮炎平、氟轻松（肤轻松）、乐肤液、皮康王等软膏或霜剂合成的激素制剂都属于激素类药物，对多种皮肤病，如接触性皮炎、湿疹、痒疹、神经性皮炎及脂溢性皮炎等是有效的。特别是对这些皮肤病所引起的瘙痒，有一定的止痒作用。

有些人把激素当成治疗皮肤病的万能药，不经过医生的诊断，稍有一些不适（尤其是面部），就自选以上含有激素的药物外涂，结果却诱发了令人烦恼的并发症。

常用激素类药

1. 地塞米松

地塞米松也叫德沙美松、氟甲强的松龙、氟甲去氢化可的松等，常用药物如皮炎平、地塞米松磷酸纳注射液等，用于治疗各种严重过敏性疾病，如严重支气管哮喘、血小板减少性紫癜、粒细胞减少症、剥脱性皮炎、神经性皮炎、湿疹等。

使用注意事项：大量服用，易引起糖尿病；长期服用，易引起精神症状及精神病；溃疡病、血栓性静脉炎、活动性肺结核、肠吻合术后病人忌用或慎用；偶见过敏反应。

2. 氢化可的松

氢化可的松，也叫可的索、皮质醇、氢化皮质酮、氢可的松，适用于类风湿性关节炎、风湿性发热、痛风、支气管哮喘等疾病，还可用于治疗过敏性皮炎、脂溢性皮炎、瘙痒症、神经性皮炎等皮肤病，虹膜睫状体炎、角膜炎、巩膜炎、结膜炎等眼病。

使用注意事项：气雾剂应存放于阴凉处，注意切勿受热，避免撞击、曝晒或近火。

3. 泼尼松

泼尼松也叫强的松、去氢可的松,适用于治疗严重支气管哮喘、血小板减少性紫癜、粒细胞减少症、剥脱性皮炎、神经性皮炎、湿疹等疾病。

使用注意事项:肝功能不良者不宜使用,其余同氢化可的松。

4. 醋酸泼尼松

醋酸泼尼松,也叫醋酸强的松、醋酸去氢副肾皮质素、醋酸去氢可的松等,具有抗炎、抗过敏作用,用于严重的过敏性疾病、严重的支气管哮喘、血小板减少性紫癜、剥脱性皮炎、神经性皮炎、湿疹等。

使用注意事项:外科病人应尽量不用,以免影响伤口的愈合;肝功能不良者不宜用;不适用于原发性肾上腺皮质功能不全症;大剂量或长期应用可引起肥胖、多毛、痤疮、血糖升高、钠和水潴留、水肿等;高血压病、动脉粥样硬化、心力衰竭、糖尿病、溃疡病、精神病等禁用;停药时,应逐渐减量,不宜骤停,以免复发或出现肾上腺皮质功能不足症状。

滥用激素危害

1. 长期外用激素制剂会成瘾。表现为用药后病情迅速好转,一旦停药后,用药部位(特别是面部)可发生赤红、触痛、瘙痒、裂口、脱屑,以致发生脓疱,原发病变加重,称之为反跳性皮炎。当重新涂用激素后,上述病情很快好转或消失;如再停药,反跳性皮炎再发,而且比以前更严重。

　　2. 长期使用外用激素制剂可使皮肤变薄、脆弱、萎缩、毛细血管扩张，变得易受损伤，导致紫癜、真菌感染、痤疮样皮炎等疾病；还可出现轻度多毛、多汗、皮下出血和伤口愈合困难等症状。

模块三　解热镇痛药

　　解热镇痛药可以退热,缓解头痛、关节及全身肌肉酸痛等症状,例如阿司匹林、对乙酰氨基酚(扑热息痛)等。解热镇痛药容易掩盖疾病的真正病因,造成误诊、耽误治疗,危害生命。而长期或过量服用解热镇痛药,会导致病情恶化。尤其是身体虚弱的病人,更要避免服用解热镇痛药。

　　常用解热镇痛药

　　1. 阿司匹林

　　具有显著的解热镇痛、抗炎、抗风湿作用,常用来预防和治疗心肌梗死。

　　服用者常会出现以下不良反应:对胃黏膜有刺激作用,引起恶心和呕吐,故饭后服用更好;产生凝血障碍;药过量时会出现中毒反应,表现为头痛、头晕、耳鸣、视力障碍、出汗、精神恍惚、恶心、呕吐等,甚至出现惊厥和昏迷。

　　2. 对乙酰氨基酚(扑热息痛)

　　在解热镇痛方面与阿司匹林相当,但抗炎作用极弱,无明显胃肠刺激。不宜使用阿司匹林的头痛、发热患者,适用本药。

服用者常会出现以下不良反应:偶见皮肤黏膜过敏反应;长期使用,极少数患者可致肾毒性,如肾乳头坏死和慢性间质性肾炎等;过量误服(105g 以上),可致急性中毒性肝坏死。

3. 吲哚美辛(消炎痛)

作用主要为抗炎、镇痛和解热,一般用于治疗关节炎、滑液囊炎、腱鞘炎、强直性脊椎炎等。不良反应多见而且严重,主要有厌食、恶心、腹痛、胃和十二指肠溃疡等;也可出现皮肤黏膜过敏反应,哮喘发作,再生障碍性贫血。孕妇、从事危险或精细工作人员、精神病、癫痫、活动性胃或十二指肠溃疡患者禁用。

4. 萘普生,布洛芬,非诺洛芬,酮布芬,氟苯布洛芬

这类药物主要用于风湿性关节炎、骨关节炎、强制性关节炎、急性肌腱炎、滑囊炎、痛经等。不良反应表现为少数患者有皮肤黏膜过敏、血小板减少、头痛、头晕及视力障碍等。

5. 一些特殊药物

对特殊药物,国家有严格规定的使用范围,只限于急性剧烈疼痛的短期发作,如内脏器官剧痛、创伤、战伤、烧伤、烫伤、手术、癌症患者的止痛,以防止疼痛性休克的发生。常用镇痛药属于非麻醉药品管理范围的,有吗啡、哌替啶(度冷丁)、可待因、安那度尔(安依痛)、芬太尼、喷他佐辛(镇痛新)等,均不得随便使用,只能由医生按照规定使用。

注意事项

1. 过去服用这类药物有过敏反应,不宜再次应用,也不宜再采用同类药物。

2. 解热镇痛药均伴有一定的不良反应,除应用于风湿热或风湿性关节炎外,其疗程不宜超过一周。首先应选用毒性较低的药物如阿司匹林、扑热息痛等。

3. 患者过去有胃痛或溃疡病出血,不宜服用阿司匹林及消炎痛,如

病情需要必须服用者,可采用肠溶片,或与抗酸药如胃舒平等同服,或在饭间、饭后服。

4. 长期应用扑热息痛、复方阿司匹林、去痛片等,有可能形成患者对药物的依赖性、在寒冷地区较为多见,应特别注意。

5. 解热镇痛药用量不宜过大,年老体弱或体温在 40℃ 以上者,更宜使用小剂量。以避免引起虚脱。大剂量只能延长止痛时间,并不能增强止痛作用。

6. 长期低热的病人,除扁桃腺炎、咽炎、鼻窦炎外,一般不宜采用解热镇痛药。

7. 安乃近不宜与氯丙嗪同服,因退热作用的增强,可导致严重的体温过低。

8. 早期孕妇和有严重肝肾功能损害者,应慎用或禁用解热镇痛药。

9. 婴儿高热易致惊厥,可采用10%—20% 浓度的安乃近溶液 1—3 滴滴鼻。

模块四　口服药物的禁忌

服药方法禁忌

有人因为贪图省事,口服药物随随便便,这不但不能充分发挥药物的疗效,还会出现副作用。因此,口服药物应注意如下"九忌":

1. 忌干吞药片

有人服药时借唾液干吞,这对身体的危害较大。干吞时药物易卡在食道中刺激食道黏膜,可能引起食道炎、食道溃疡等病症。

2. 忌用饮料服药

茶水、可乐、豆浆、咖啡、牛奶等饮料中有多种化学成分,易与药物发生反应而影响药效。

3. 忌服药后饮酒

酒中含有浓度不等的乙醇,它可与多种药物相互发生作用,进而降低药效或增加药物的毒副作用。

4. 忌躺着服药

躺着服药会使药物粘附于食管壁上,在食道中慢慢下行或滞留,不能及时进入胃部,造成呛咳和食道炎,甚至灼伤食道,形成溃疡。

5. 忌将胶囊里面的药粉倒出来服用

由于许多胶囊属于缓释药物,在人的肠胃里慢慢释放,使药物作用持久。若倒出来吃,破坏了原药设计,将会影响药物疗效。

6. 忌将糖衣片压碎服用

有些家长常将药片捻碎以方便给孩子灌药,糖衣一旦破裂,便失去了特定保护、遮味、隔离等作用,还可能对胃黏膜产生较强的刺激,出现恶心、呕吐,甚至胃出血,特别是儿童和老人,用这种方法服药更不安全。

7. 忌将口服改外用

有些人将甲硝唑片、制霉菌素片等放置于阴道内,用于治疗阴道滴虫或霉菌感染。口服制剂很难在阴道中释放崩解,所以疗效不大,甚至还会出现不良反应。

8. 忌针剂改口服

有些人害怕疼痛不愿注射,所以将注射液直接喝进肚子,这样喝针剂会影响药效发挥。因为针剂一般剂量要比口服小,加上胃液破坏,药效会大打折扣。

9. 忌含片改口服

有的人嫌含片麻烦,时间长作用慢,便一吞了之,这样做不能达到服药目的。如将硝酸甘油片含于舌下,药片能在唾液中迅速溶解、扩散,经口腔黏膜毛细血管吸收直接进入血液,2—3分钟即可奏效。但如果将其口服,不但吸收慢,还会被胃液破坏,使其功效大大降低。

服药的最佳时间

1. 铁剂：贫血患者补充铁剂，晚上 7 点服用，疗效最好。

2. 钙剂：临睡前服用补钙药，可使钙得到充分的吸收和利用。

3. 降血压药物：服降血压药 1 日 3 次，宜分别于早上 7 时，下午 3 时和晚上 7 时服用。早晚两次的用药量比下午用量要适当少些。晚上临睡前不宜服用降压药，以防血压过低和心动过缓，致脑血栓形成。

4. 抗菌素及消炎类药物：抗菌素药物排泄较快，每隔 6 小时应服药 1 次。消炎药物，如风湿性或类风湿性关节炎患者，多于每天清晨和上午关节疼痛较重。如服消炎止痛等药物，可在早晨加大剂量服 1 次，效果最好，且可免去中午的 1 次服药。

5. 降糖药：糖尿病患者在凌晨对胰岛素最敏感，这时注射胰岛素用量小，效果好。

6. 强心药：心脏病患者对洋地黄、地高辛和西地兰等药物，在凌晨时最为敏感，此时服药，疗效倍增。

7. 抗哮喘药：氨茶碱宜在早上 7 时左右服用，效果最佳。

8. 抗过敏药：赛庚啶于早上 7 时左右服用，能使药效维持 15—17 小时，而晚上 7 时服用，只能维持 6—8 小时。

9. 激素类药：在每天上午 7 时一次性给药疗效最佳。

10. 解热镇痛药：如阿司匹林在早上 7 时左右（餐后）服用疗效高而持久，若在下午 6 时和晚上 10 时服用，则效果较差。

11. 降胆固醇药：病人宜在吃晚饭时服用降胆固醇的药物。

12. 催眠药、驱虫药、避孕药：一般宜在晚上临睡前半小时服用。

13. 维生素类药：维生素应该在饭后服用。

服药的饮食禁忌

1. 降压药、抗心绞痛药物，服药期间忌喝西柚汁、忌吃高盐的食物。

2. 治疗头痛的药物，服药期间忌饮酒。

3.苦味健胃药、助消化药、中药,忌吃糖或甜食。

4.钙补充剂,忌食菠菜、茶、杏仁等。

5.铁补充剂,忌食过多动物油、植物油。

6.碘补充剂,忌食菠菜、桃、梨。

7.服用驱虫药后,忌吃油腻食物,并以空腹服药为宜。

8.服用含有地黄、何首乌、人参等成分的药物,忌服葱、蒜、萝卜。

9.支气管扩张剂,如茶碱类、沙丁胺醇、肾上腺素等避免食用含咖啡因的食物或饮料(如巧克力、咖啡、茶);服用茶碱类药物期间要禁酒。

口服中药禁忌

1.忌吃辛辣类:葱、蒜、韭菜、生姜、酒、辣椒。

2.忌吃鱼腥类:带鱼、蚌肉、虾、螃蟹等。

3.忌吃发物类:笋、芥菜、南瓜、公鸡肉、猪头肉。

4.忌吃生冷类:白萝卜。

5.忌吃油腻类:油煎、油炸类食物。

6.忌吃酸涩类:茶叶。

友 情 链 接

药品说明书阅读

1. 看性状。阅读说明书中对药品性状的描述,观察药品是否符合说明书的要求,如果不符合,要咨询医师,切不可擅自用药.

2. 看不良反应。许多人用药后出现不良反应,却误认为是疾病加重。了解药品的不良反应不仅可以避免慌乱,还可以在出现严重不良反应后立即停药并及时就医。

3. 看服药禁忌。凡属禁忌事项,用药者都要认真遵从。

4. 看用法用量。药品的用法用量都有明确规定,都要严格遵守,不能擅做主张。

5. 看生产批号。生产批号是药品生产的日期,一般采用6位数字,前2位表示年,中间2位表示月份,末尾2位表示生产批次号,如印为"批号:060503",即表示此药是2006年5月份第3批生产出来的。

6. 看有效期。有效期是指药品被批准的使用年限,表示药品在一定储存条件下,能够保证质量的期限。按2001年国家新修订的《药品法》规定,必须在说明书中予以标注。如果没有标注,则表明该药品并非正规厂家生产。如果药物已经过了有效期,就不能购买和使用。

模块五　药品与保健品的区别

随着社会的进步和生活水平的不断提高，人们的健康意识和保健意识也在不断提升。保健品逐渐走进人们的生活，不少年轻人逢年过节都会买保健品去看望老人。保健品具有强身健体的作用，但是却与药品有显著的区别。

保健品与药品的对比表

名称	用途	批准文号	执行生产工艺准	销售渠道	组成成分	适用人群
药品	预防治疗疾病	国药准字	国家规定的药品车间，严格按药品质量标准规定工艺要求生产	药店等医疗机构	治疗疾病各种有效成分	有疾病症状者
保健食品	调节机体功能，不以治病为目的	卫食健字或国食健字	保健食品良好，生产规范	一般超市、食品店	有各种保健功能的中药或其他	需要调节机体功能保健身体人群

保健品的分类

在购买保健品时，面对商家们铺天盖地的宣传，如何才能不挑花眼呢？目前市场上保健品有很多种，世界卫生组织把它们分为四类。

第一类：营养型。比如蜂王浆、花粉、维生素、葡萄糖等。这类产品对人体有营养补充作用,但并没有确切的功效。

第二类:强化型。比如钙、铁、锌、硒等微量元素。服用该类保健品,能够补充身体所缺,但不能防止微量元素流失,过度服用对身体有害。

其特点是:补了以后明显见效,症状改善。但如果一段时间不吃了,又回到原来的状态,不能从根本上解决问题。

第三类:功能型。如深海鱼油、甲壳素、卵磷脂等,它们对身体某个器官有调理的作用,但功能单一,过度服用有依赖性。如深海鱼油,它有软化血管的功能,可降血压,但它解决不了血管里脂肪、胆固醇堆积过多的问题,所以高血压患者不能完全依赖它。

第四类:机能因子型。主要为食用菌、番茄红素、茶多酚等。这类保健品多数由天然生物所提取,并制成复方制品,具有高提纯度,拥有前三者的所有功能,对身体的各个器官都有保健作用。

认清这些分类,可以在购买保健品时有针对地选择自己所需的种类,如营养缺乏要选营养型,调理身体可选功能型等。

正确使用

1. 铁剂不可以与牛奶或钙质一起服用。因为牛奶和钙片会影响铁剂的吸收。

2. 矿物质不可以和蔬果一起吃。因为纤维素会影响矿物质的吸收。

3. 中草药提取物不要和白萝卜一起吃。在中医的观点里,白萝卜具有行气的功能,但"行而不补"。当你吃了人参、灵芝等补品的同时又吃白萝卜,白萝卜发挥其行气功能,就把补品的功效都泄光了。

4.B 族维生素不能和含咖啡因或酒精的饮料一起服。因为咖啡因会刺激神经及肾上腺素分泌，破坏 B 族维生素的吸收；酒精则会影响肠胃对 B 族维生素的吸收。

5. 降血脂保健食品不能和葡萄柚一起吃。由于葡萄柚会干扰降血脂药物在肝脏的代谢，因此红曲等保健食品也不宜和葡萄柚一起食用。

6. 有胃溃疡的不建议使用大蒜油。

7. 三岁以下的幼儿不建议吃片剂的膳食营养补充剂。

8. 服用华法林等抗血小板药物以及患出血性疾病、月经期不建议服用鱼油、银杏等加速血流动力的保健品。

9. 女性月经期与怀孕期建议服用蛋白质粉、胶原蛋白；不建议服用左旋肉碱等减肥类的产品，大蒜油、蜂胶也不建议。月经期不建议服用一些功能比较强的营养补充剂。

购买注意事项

正确对待广告宣传，购买保健食品为了安全可靠，一定要看好是哪些厂家出厂的，一定要有自己的针对性，切忌完全轻信广告，盲目购买，并非越贵越好。